ヒトと生き物ひとつながりのいのち

旭山動物園からのメッセージ

坂東 元
旭山動物園園長
Gen Bandou

道友社

旭山動物園の動物たち①

【かば館】

世界に例のない水深3メートルのプール内を、気持ちよさそうに歩く。

【きりん舎】

人間を見下ろすキリン。
旭山の動物たちはみな
生き生きとしている。

【オオカミの森】

遠吠《ほ》えをするオオカミたち。
こうした姿を間近に見ることができる。

普段は地面に掘られた巣穴に隠れている子供たち。

旭山動物園の動物たち①

【エゾシカの森】

岩山に上るエゾシカ。
この施設はオオカミの森と対になっている。

【レッサーパンダ舎】

愛くるしい姿が人気のレッサーパンダ。

人がいても
平然と吊《つ》り橋を渡る。

【てながざる館】

壁面に設置された鉄棒を伝って素早く悠々と移動。高さは地上約7メートル。

赤ちゃんは、いつもお母さんと一緒。

【あざらし館】

旭山動物園の象徴ともいえる円柱水槽は、いまも大人気。

旭山動物園の動物たち①

はじめに

環境問題が毎日のように大きく取り上げられ、生物多様性の保全が叫ばれるようになり、人類、そして地球の未来には悲観的な情報があふれています。私たちは、科学の進歩、技術の進歩とともに驚くほど多くの知識を得て、より快適に、安全に、豊かになっているかのように見えます。しかし、技術が進歩し知見が増えるほど、結果として環境のバランスは崩れ、生き物が絶滅に向かうスピードは加速し、絶滅種の数は増え続けています。ヒトも社会も、豊かさが増して幸せになっているかといえば、そうでないことも増えているように感じます。

単刀直入に言うと、僕は「ヒトが作り出した技術や物で、ヒト以外の生き物に役に立っているものは一つもないこと」「いつの間にかヒトだけが特別な生き物で、すべてが分かっているかのような錯覚に陥《おちい》っていること」が、一人の人間として、どうしても気にくわないのです。

地球上で「ヒトだけが特殊な価値観のもとに暮らしていること」、「ヒトの生き物としての習性」を、私たちはいま一度、しっかりと認識しなければいけないのだと思います。

さまざまな生き物と共に暮らせることに豊かさや幸せを感じる心が失われ、ほかの生き物を絶滅、つまり死に追いやる道を今後も選択し続けるならば、ヒトも生き物である以上、幸せであり続けることはできないでしょう。

この本は、動物たちと日々関わるなかで感じたことや考えたことを、エッセーとして綴《つづ》ったものです。読んだ方の心に、「いのちの発するメッセージ」

を感じるアンテナや、ほんのちょっとした自然への優しさが生まれたら幸いです。

二〇一四年九月

坂東　元

もくじ

いのちは必ず死で終わる　2009

もくじ

2011

ヒトだけでは生きられない

地球は一つのいのち 2012→2014 245

カバー・口絵・本文写真　桜井省司

「生きていること」の本質

2007

生き物に〝飽きる〟現代社会

旭山動物園の坂東です。旭川という地方都市の中規模動物園が、全国的に有名になってしまいました。とはいえ、僕たちは入園者数を日本一にするとか、知名度を上げるといったことを目標にしてきたわけではありません。

知れば知るほど素晴らしい生き物たちが、来園者から「つまらない」とか「くさい」とか、「コアラいないの？」「ラッコは？」などと言われ続けて、悔しい思いをしてきました。当園には〝珍しい動物〟は、昔も今もいないのです。

そこで「アザラシだってすごいんだよ」「ライオンだって……」と伝えようと、さまざまなアイデアを出し、工夫を凝《こ》らしてきました。結果として、来園者数が伸び、「奇跡の動物園」と呼ばれるようにもなりました。

僕たちがしていることは、特別なこと、奇抜なことではありません。人間の価値観を通してではなく、動物たちの「ありのまま」を少し上手《じょうず》に具体化しているだけだと思います。だから、旭山動物園がすごいのではなく、動物たちが素晴らしいのです。

本来、生き物やいのちが「飽きられる」ことなんてないはずです。いや、あってはいけない。でも、私たちの社会は「飽きる」ことで成り立っています。まだ使えるのに「飽きた」から買い替える。あらゆるものが年に何度もモデルチェンジ、マイナーチェンジを繰り返す。そうしないと経済は成り立ちません。

動物園も、そんな価値観のなかにいたのです。コアラ、ラッコ……。カリスマ的な動物がいなくなり、日本中の動物園から客足が遠のきました。それならばと、直立するレッサーパンダや、〝イナバウアー〟をするカワウソと、その場しのぎ。動物は、モデルチェンジもマイナーチェンジもできません。

動物たちの本当の姿を、来園者にどう伝え、未来へどうつなげていくのか。これは、動物園の将来に関わる問題だけではありません。動物園は、野生動物と私たち人間社会との懸《か》け橋でなければならないと思います。人間のエゴを満足させるためだけのものでは、いけないのです。彼らを「知る」ことで思いやりの気持ちが芽生え、自然と共存する未来を選択する社会をつくっていけたらと願っています。

僕が日々、動物たちと向き合っているなかで感じたこと、思ったことを、皆さんに知っていただけたらと思い、次回以降に述べていきます。

「鳥インフルエンザ」は人間が生み出した!?

二年前（二〇〇五年）に社会的パニックを起こした高病原性鳥インフルエンザが、再び発生しました。危機管理は飛躍的に向上しているので、無事に収束すればいいのですが……。問題の鳥インフルエンザ（H５N１型）は、一九九七年に香港《ホンコン》で初めて確認された新顔です。これまでに世界中で数千万羽のニワトリが死に、あるいは処分されました。

インフルエンザは、もともとガンやカモなどの腸管で生きる、自身には病原性のないウイルスです。「渡り」をする鳥を介して、世界中へ運ばれると考えられていいます。またH５N１型は、ニワトリだけでなく、ワシ、タカ、フクロウ、コウノトリ、カラスなどの野鳥にも感染します。このことが防疫を難しくしており、動物園にも重大な危機をもたらすゆえんなのです。

さらに社会的不安が増す原因は、稀《まれ》なことですが、鳥からヒトへ感染するようになり、致死的な病原性を持つに至ることです。「もしも、このウイルスがヒトからヒトへ感染するタイプに変異したら、想像もできない悲惨な事態になる」と、政府やＷＨＯ（世界保健機関）は危機感を募らせ、厳重な監視体制を敷いています。鶏舎《けいしゃ》単位で全羽処分するのは、人間への感染源を残さないためでもあるのです。

なぜいま、降って湧《わ》いたように？　野生動物は怖い？　いやいや、僕は人間が生み出した〝怪物〟だと思います。過去に大流行したインフルエンザは、鳥型と従来のヒト型ウイルスが家畜のブタに同時感染し、変異したためとされています。今回のＨ５Ｎ１型は、経済成長が著《いちじる》しい中国や東南アジアで発生しました。経済面を優先するあまり、衛生面やニワトリの健康面に配慮しない過密な大量飼育が行われ、ウイルスの〝新天地〟となったようです。

そのような状況下で、驚異的な感染力と病原性を持つ怪物が誕生しました。ヒトが作り出した〝不自然な環境〟が原因といっても過言ではないでしょう。エイズやエボラ出血熱、ＢＳＥ（牛海綿状脳症）、ＳＡＲＳ《サーズ》（重症急性呼吸器症候群）、そして高病原性鳥インフルエンザ……。ヒトの傲慢《ごうまん》や驕《おご》りに対して、地球が「もうこれ以上のわがままは許しません」と警告を発しているのです。

いま、あらゆる価値観を「私たちも地球に生きる生物」というところから謙虚に見直さないと、取り返しのつかないことになるかもしれません。

弱いものがいのちを引き継ぐ？

いじめによる自殺など、悲惨な事件が後を絶ちません。
最近の学校教育で気になるのが、「平等」「仲良く」を強調しすぎるきらいがあることです。徒競走で順位をつけなかったり、学芸会で「桃太郎」が何人も登場したり……。

ある年のこと、園にいるライオンが、四頭の子を産みました。なんと、全部オスでした。

ライオンは、一歳を過ぎると、たてがみが生えてきます。その大きな顔は、ひげの生え始めた高校生のように、かわいらしいものではありません。

四頭は同じように見えて、性格はずいぶん違います。よくよく観察すると、ライオンという種《しゅ》の習性や性質のうえに個性があるのです。

寝室をのぞくと、檻《おり》越しに近づいてきて威嚇《いかく》するやつ、母親の陰から威嚇するやつ、完全に隠れてしまうやつと、さまざまです。

エサを食べるにも、性格のきついライオンは、ほかを威嚇しながら、その場で堂々と食べます。気の弱いライオンは、おこぼれをくわえて、少し離れたところへ行って食べます。

「こいつらも、アフリカにいたら、強いオスだけが自分のプライド（群れ）を持てるのだろうな」と思います。強いものは、生まれ育った一番条件のいいところに留《とど》まるからです。

では、弱いものは？　生まれ育った場所の近くに執着するもの、全く知らない新天地に足を踏み入れるもの、弱者として死んでいくものと、さまざまでしょう。

「弱いものはダメなんだ……」

僕は、違うと思います。

生き物が繁栄することができるのは、「強いものが生き残ってきたから」と考えがちです。強いものは、その環境のなかで、一番エサを確保しやすい場所を縄張りにします。しかし、環境が変化したら……。強いものは、最後の獲物がいなくなるまで、その場に執着して死んでいくでしょう。

ディズニー映画の『ライオンキング』じゃないけれど、そこに留まれなかったものが、いのちを引き継いでいくのです。実際に、ほとんど緑のない半砂漠で生き抜いているライオンがいます。「どうして、こんな過酷な環境で……」と思いますが、これが種の生命力の根源なのかもしれません。

一位には一位の個性が、同じように六位には六位の個性がある。一位が偉くて六位がダメなのではなく、順位がつくからこそ、自他の区別と理解が生まれ、それぞれの努力に結びつくのではないでしょうか。

徒競走での一位は、社会へ出てから大きな意味を持つことはありません。だからこそ、大人になるための成長過程として、順位をつけるべきだと思うのです。いじめにつながると言うけれど、それはまた、全く別の問題なのです。

「ダメなものはダメ」のけじめ

新入学に新学年、子供たちも新たな気持ちで春を迎え、ようやく落ち着いてきたころでしょうか。

季節柄、学園もののドラマが始まり、映画も公開されています。しかし、以前とは内容が違うように思います。昔は、未来に夢の持てる作品が多かった気がしますが、最近のものは、いじめや自殺、学級崩壊と、見ていて気の滅入《めい》るものが少なくありません。

旭山動物園では、児童や生徒らを対象とした動物のガイドを行っています。その際、学校によって子供たちの態度が違うことに驚きます。話を聞く態度が良く、興味を持つ姿勢がしっかりしている学校もあります。一方で、最初から話を聞く気がない、地べたに座り込む、携帯電話をいじる……。

こちらがプチンと切れて怒ると、皆あっけにとられたような顔をします。「ははぁ、きっと学校で怒られたこともないいんだろうな」と思います。

子供たちの態度の違いは、学校側の児童や生徒に対する取り組みの姿勢からくるのでしょうか。興味深いことに、集団としての学校のカラーが、子供たちの行動に表れているようです。

子供たちは素直で、ある意味では動物的です。やって良いことと悪いことの区別は、しっかりと大人の反応を見て学習し、心得ているのです。

旭山には、ニホンザルの「さる山」があります。毎朝、放飼場《ほうしじょう》へ出し、夕方になると寝室に収容します。これは、飼育係とサルたちとのルールです。

ところが、たまに、何らかの理由で寝室に入らないサルがいます。「まあ一頭くらい、いいや」と思って収容しないでいると、次の日も、そいつは入ろうとしません。そのままにしておくと、次第に入らない仲間が増えていくのです。ルールの崩壊です。

また、チンパンジーには、檻《おり》越しにエサを手渡ししています。まずは、手と手をツンと合わせて〝あいさつ〟をしてから渡します。もし、不意にエサを奪おうとして、手をつかまれたら大変なことになるからです。これも、「まあ一回くらい、いいや」で済ませると、次も必ず同じことをやります。やがて、大きな事故につながりかねません。

どこか、ヒトの子供たちに似ていると思いませんか？　どこまで自分勝手が許されるのか、その限度を測っているのです。

「子供たちの目線に立って理解させよう」といった態度だけでなく、時には、「ダメなものはダメ」という、確固たるけじめがあってもいいのではないでしょうか。

動物園では、ルールを破った場合はエサを与えない、網で捕えてでも収容するなど、かなり厳しい対応をします。

子供の姿は、その時々の社会のありようを映し出していると思います。そして今日の大人が、その子供たちに未来を託しているのです。未来を憂《うれ》えるのなら、いまを真剣に考え直さなければならないと思います。

「生きていること」の本質

動物たちの出産シーズンを迎えました。といっても、いまが出産の時期に当たるのは、日本のように季節のある環境に棲《す》む動物たちだけです。熱帯産の動物に繁殖期はありません。これからエゾシカ、ニホンザル、エゾリスの出産、カモの仲間たちの孵化《ふか》が始まります。

どんな動物も、小さな赤ちゃんやヒナはかわいらしいものです。無防備でたどたどしくて、思わず笑みがこぼれます。ハクチョウの親子を見ていると、あれだけ一方的に、見返りを求めずに愛情を注げるものかと、「次代へつなぐこと」「生きていること」の本質を見る思いがします。

昔、ロウバシガンという気性の荒いガンを飼育していました。ヒナを育てていたペアは、ヒナに近づくものすべてを攻撃しました。飼育係でさえ、その対象でした。ある朝、このペアのオス親が、頭部を切断された状態で死んでいました。状況から見て、侵入したキタキツネの仕業と思われます。ヒナとメス親は無事でした。かなわない相手だということは本能的に分かっていたはずです。このエネルギーがどこから湧《わ》いてくるのかと、感嘆したものです。

話は逸《そ》れましたが、これから野鳥の繁殖期です。僕たちのところにも、スズメなどのヒナを保護した人から電話がかかってきます。ヒナはかわいらしいので、「かわいそう、助けてあげたい」と思う気持ちはよく分かります。「巣立ったばかりのヒナが公園にいました。放っておいたら、カラスやヘビに食べられてしまいます。このままじゃ、かわいそう。どうしたらいいですか?」

僕はオヤャッと思います。じゃあ、カラスやヘビはどうなってもいいの？彼らだって、一生懸命生きているのに。私たちは、自分たちに都合のいい立場で、都合のいい解釈をして満足してはいないでしょうか。

動物園では、アオダイショウに生きたネズミ（マウス）を与えます。どうやって食べるのか、みんな興味津々です。ところがハムスターを与えると、途端に「かわいそう、残酷だ！」となります。

「かわいい」「かわいそう」といった気持ちは、ある種、居心地のいい感情で、私たちはそれをもって「動物を愛している」と思い込みがちです。動物は皆、ほかのいのちを奪い、食べることで生きています。「かわいい」「かわいそう」だけでは、動物そのものの姿や、生きていることの本質は見えてこないのです。

エキノコックス騒動が示したもの

前回の「『生きていること』の本質」に続くお話です。

当園では相変わらず、ホッキョクグマやペンギンが人気の的です。しかし、僕の感じてほしい「すごい！」よりも、「かわいい！」という声をよく耳にします。

僕は、心のなかでは「ホッキョクグマは、かわいくないよ。ライオンよりも恐ろしいんだよ！」と叫んでいます。「かわいいから飼ってみたい。じゃあ、かわいくなくなったらどうするの？」と心配になります。

一九九四年、当園のゴリラとワオキツネザルが「エキノコックス症」という寄生虫病にかかって死にました。やむなく緊急休園の措置を講じ、翌年に心機一転、オープンしたのですが、来園者は激減し、一時は園の存続も危ぶまれました。

エキノコックス症は、キタキツネなどの糞《ふん》に混じった多包条虫《たほうじょうちゅう》の卵を経て感染します。当時、全道的な広がりを見せている時期で、ヒトにも感染することから、当園の緊急休園報道をきっかけに、社会的なパニックになったのです。

それまでキタキツネは、北海道のマスコットでした。「北海道は自然がいっぱい。私たちは皆、キタキツネを愛しています」とばかりに、エサを与えて、ヒトの生活圏に招き入れました。ある幼稚園では毎朝、〝コンコンちゃん〟が来るからと、先生と園児でエサを与えていたといいます。

結果、キタキツネの数は爆発的に増えました。ヒトが養う、飼い主のいない〝野良ギツネ〟が増えていったのです。

ところが、かわいいはずのキタキツネは、エキノコックス症を媒介する恐ろしい動物に化けたのです。

「キタキツネが来るから、子供をグラウンドで遊ばせられない！」と、一転して〝害獣〟扱いで駆除されるようになりました。

ヒトの生活圏に招き入れたのは私たち人間です。餌《え》づけをしなければ、キタキツネは自然のなかで生きていたはずです。本来の関係を保っていれば、このようなことにはならなかったのです（エキノコックスは、もともと北海道には存在しませんでした。海外から持ち込まれた外来寄生虫で、十分な対策を講じなければなりません）。

本州では、かわいい子グマは助けるが、大人のクマは危険だから駆除するということを続けています。このままでは、相手の存在を認める共存の道は見えてこないでしょう。

動物のことを真に理解すれば、干渉しない愛し方、そっと見守る愛し方が見えてくるはずです。

「ナカちゃん」は、なぜ死んだ？

ゼニガタアザラシの「コロちゃん」が、人を咬《か》んだとニュースになりました。コロちゃんは、動物園のアザラシ？　いいえ、野生のアザラシです。本来、海岸から離れた岩礁《がんしょう》地帯にいますが、なぜかコロちゃんは、四年前に、北海道十勝管内豊頃《とよころ》町の大津漁港に住みついたのです。最近は、首に紐《ひも》をかけたり、子供を背中に乗せて記念写真を撮ったりするなど、見物人のマナーの低下が目立っていたそうです。嫌《いや》なことをされて怒るのは当たり前です。

僕は、数年前に東京の多摩《たま》川に現れた「タマちゃん」、四国の那賀《なか》川に現れた「ナカちゃん」のブームを思い出しました。特別住民票が発行されたり、人形焼きなどの関連グッズがたくさん発売されて、町おこしの目玉となりました。

アザラシが現れたときの反応は、「ずっとここにいて。行かないで」というもの。タマちゃんは別の川へ移動を繰り返し、いつしか話題に上らなくなりました。ナカちゃんは死んでしまい、たくさんの人が悲しみに暮れたそうです。でも、本当にアザラシのことを思うのなら、「どうして、こんなところに来ちゃったの？　早く北の海に帰れたらいいね」という反応ではないでしょうか。

自分たちの価値観でしか動物を見ようとせず、理解しようとしない。ナカちゃんを死に追いやったのは、そんな人間の自分勝手な考え方かもしれません。

近年、うちの動物園には多数の取材があり、芸能人も来ます。来園者が有名人や芸能人を見つけると、ちょっとした騒ぎになります。「こっち向いて！　写真撮れないでしょ」「もっと愛想よくしなさい」などと、僕たちが聞いてもカチンとくるような言葉が飛び交い、「芸能人も大変だな」と同情したくなります。完全に自己満足の対象で、相手の人格などお構いなしです。

ホッキョクグマの〝もぐもぐタイム〟で、「後ろの方も見られるように、前の方はしゃがんでください」と言うと、「しゃがんだら写真が撮れないだろ！」と、全く聞く耳を持たない人が後を絶ちません。

自分にとって都合のいい見方や付き合い方といった〝わがまま〟が、加速しているように思うのは僕だけでしょうか？

「今どきの子供は……」と言うけれど、実は「今どきの大人は……」ではないでしょうか。子供は大人のまねをして成長することを忘れてはなりません。

〝母性のスイッチ〟が入るとき

オランウータンの「リアン」が、七月三十日に第二子を産みました。なんと昼間、来園者が見守るなかでの出産でした。十二時半ごろに無線連絡が入り、たくさんの飼育職員が駆けつけたので、来園者の注目も集まりました。

ただならぬ雰囲気を察知したリアンは、生まれたばかりの子を隠そうとし、四歳の長女「モモ」に当たり始めたので、このままでは何が起きるか分からないと考えて、寝室に収容しました。

飼育係が一斉に集まったのには訳があります。かつてリアンはモモを出産後、育児放棄をしたからです。

オランウータンは群れをつくりません。メスは八歳くらいで母親から独立します。オスとの交尾の際も、ほんの数日しか共に過ごしません。四、五年おきに子を産むので、上の子にとっては、弟か妹が生まれて数年経《た》ったころが、独り立ちのタイミングです。

つまり、この時期、自分が親になった際に必要なことを学習するのです。オランウータンの四、五歳というと、ひとり遊びの時間が長くなり、好奇心も旺盛《おうせい》、とても多感で、学習能力の高い時期です。本当に自然はうまくできているなあと感心します。

それにしても、母親の母性には頭が下がります。オランウータンは単独で生活するので、群れのメンバーが育児を手伝うことはありません。二十四時間×三百六十五日×四年間、ずっと子供と一緒です。次の子が生まれると、やんちゃ盛りと赤ちゃんを一緒に育てます。

リアンは台湾の動物園生まれで、六歳のとき、旭山に来ました。それまで母親が子を宿さなかったために、出産の様子を見ていません。

十歳で初産を迎えたリアンには、「育児ができないのでは？」との不安があったので、介添え保育の備えをしました。介添え保育とは、「子を抱かない」「授乳をしない」などのケースを想定し、飼育係が、母親の乳首に子を吸いつかせられるよう、母親との間に十分な信頼関係を築くことをいいます。

二〇〇三年三月二十四日、リアンは無事に出産しましたが、悪いほうの予想が的中。自ら羊膜を処理したものの、子を地面に置いたまま、抱こうとしません。担当者が寝室に入り、子の体をタオルで拭《ふ》いて乾かし、戸惑うリアンの乳首に子を吸いつかせました。

その途端、リアンに母性のスイッチが入ったのです。それは劇的な瞬間でした。戸惑いながらも抱きかかえると、二度と地面に置きっ放しにはしませんでした。

次の日、リアンの顔は〝母親の顔〟になっていました。飼育係が子に触ろうとすると怒るのです。「哺乳類」とは、ただ単に分類上の言葉だけではないのですね。

「第二子出産！」の無線に、今度は大丈夫かな？　と不安がよぎりました。でも、しっかりと抱いています。子の体は、まだ濡れていました。モモも興味津々。なんとも表現のしようのない安堵《あんど》感を味わい、リアンのたくましい母親としての姿に感動しました。

キリギリス捕りにも温暖化の影響!?

今年は暑かったですね。北海道も、お盆の時期に猛暑に見舞われました。毎年、未来に不安を感じるニュースが増えている気がします。母なる大地「マザーアース」の声を、ヒトはいつまで無視し続けるのでしょう。

北極の氷の減る速さが、予測を大幅に上回っていたそうです。この問題に直接関わりのある国々の政府レベルの反応は、温暖化を憂《うれ》えるのではなく、氷が解けて新たに出現するであろう海路や、膨大な海底資源などの領海権、所有権への強い関心でした。

ホッキョクグマを守ること＝ストップ温暖化。僕たち〝動物園人〟は、尊くも素晴らしい生き物たちを守ってやりたいと願う「気持ちの輪」の広がりが、温暖化防止の大きな原動力になると信じています。

でも、ヒトの果てしない欲には、勝てないかもしれません。その欲が、ヒトだけでなく、地球上に棲《す》むたくさんの生き物にも恩恵をもたらすものであればいいのですが……。

ところで、僕の夏のささやかな恒例行事は、キリギリス捕り。今年は苦労しました。

運動神経が衰えた(?)こともあるかもしれませんが、とにかく、鳴いているところに近づくと、すぐに鳴きやみ、逃げられるのです。これでは、見つける以前の問題です。

暗くなってから捕るなら別の方法もあるのですが、僕にも意地があります。自分の目で見つけ、素手で捕まえるのが、僕の流儀だからです。

「なぜ、こんなに早く鳴きやむのか……」

観察の結果、一つの結論に達しました。草の丈が短いのです。猛暑と少雨で草の丈が伸びずに、早く穂をつけてしまった。もちろん、これは僕なりの考えですが……。

それにしても、なぜキリギリスは、のぞき込まれることに敏感で、警戒するのでしょう。カマキリのいない北海道で、キリギリスは草原の虫たちのなかでは強い存在のはずです（キリギリスは、ほかのバッタなどを好んで捕食します）。

やはり、鳥のせいでしょうか。カラスやモズなどが補食すると思われますが、観察していても、キリギリスを食べようと忍び寄る鳥の姿を見たことはありません。「そこまで神経質にならなくてもいいのに」と思ってしまいます。

いつも、相手のほうが先に、確実に僕を見つけています。僕がキリギリスの姿を確認したときは、すでに触角がこちらに向けられていて、鳴くのをやめて逃げ出すタイミングを計っているのです。

お互いの駆け引きのなかで、ピンと張りつめる緊張感が、僕は好きです。背中に照りつける太陽の光を感じながら、目に流れ込む汗を拭《ふ》くこともせず、ひたすら気配を殺し、最後に手のなかにキリギリスを捕まえたときの快感は、なかなかのものです。

猛暑も一段落。エンマコオロギが鳴きだして、秋の気配が近づいてきました。春夏秋冬、日本にはとても豊かな季節があります。大切に守っていきたいものです。

「連鎖の輪を断ち切る」という罪

旭山動物園の夏期開園も終わりに近づき、はや、冬期開園のことを考えています。

〝ペンギンの散歩〟は、いつごろになるかな？　寒い冬になれば、今シーズンこそ「あざらし館」のプールに〝流氷〟を再現したいな！　などなど。

そうそう、その前に、冬期開園のための冬囲い、越冬の準備作業が待っています。

当園は、開園期間中の休みはありません。秋の終わりの十月下旬と冬の終わりの四月に、まとまった閉園期間を取ります。

「そうだね。せめて、その期間くらいはゆっくりと休まないとね」と言われますが、実は閉園期間が最も忙しい時期なのです。飼育係は全員出勤で、来る開園シーズンに備えます。

そういえば昔、冬期に約半年間、閉園していたころ、「ゾウやライオンは内地（本州）の暖かいところに引っ越すんでしょ。職員は失業保険でももらうのかい？」などと、本気で言われたことを思い出します。寒さや雪はハンディと思い込んで、誰も疑わなかった時代がありました。

当園は市の直営なので、いまは来年度の予算の編成などでも忙しい時期です。来年度は「オオカミの森」を建設する予定です。旭山でも昔、オオカミを飼育していましたが、老化で断念し、いまに至っています。

オオカミはイヌではありません。トラやホッキョクグマと同じく、頑として人の介在を許さない気高い生き物です。荒々しさと繊細さが同居するところに、飼育する者は魅了されます。十年以上経《た》ったいまでも、オオカミの遠吠《ほ》えは耳に残っています。

世界自然遺産となった知床《しれとこ》以外にも、北海道には雄大な自然がたくさんあります。でも、私たちは、生態系の要《かなめ》であるエゾオオカミを絶滅させた歴史を持っています。そのこと自体が、雄大な自然を「不自然」なものにしているのです。

シカの食害による森林の崩壊が、現実のものになりつつあります。私たちヒトが、オオカミに代わって、何らかのコントロールをしなければならないのです。

すべてのいのちは連鎖しています。その連鎖の輪を断ち切ってしまった罪を、いまこそ、しっかりと再認識しなければなりません。自然の成り立ち、いのちの成り立ちを理解しなければ、将来を見据えた対策は取れないでしょう。

そんなメッセージを込めて、「オオカミの森」の完成を目指します。「いまは未来のために」。そう、自分に言い聞かせています。旭山はいろいろな意味で、いま立ち止まるわけにはいきません。ぼんやりとではありますが、目指すべき〝ほんものの動物園像〟が見えかけています。しっかりと形に残していかなければ……。

でも、「ちょっとは休みがあってもいいなあ」なんて思ったりする、このごろです。

けがの仕方を遊びから学ぶ

旭川は、すっかり晩秋です。木の葉が落ちるのは例年より遅い気がしますが、ちゃんと冬は来そうです。

今年度、旭山動物園の大きなニュースは「園内の遊具、今年限りで全撤廃」です。地方都市では大型遊具のある遊園地が少なく、動物園に併設している場合が多いのです。旭山の場合、動物園と遊園地のどっちが主役？ といった時代もありました。しかし、ここ数年の来園者の評価などから「動物園一本で勝負しよう！」と決まりました。僕たち飼育スタッフにとって、長年の念願でしたから、うれしさはひとしおです。

ただ、子供たちにとっては、ちょっと残念かもしれません。僕が子供だったころを思い返すと、親に買ってもらった回数券を握りしめ、ドキドキしながらゴーカートやメリーゴーラウンドに乗るのは、やはり特別なことでした。大人から見て「なーんだ」と思うことでも、子供にとっては特別な出来事だったりします。いざ全廃となると、ちょっと複雑な気持ちです。

動物園の遊具とはスケールが違いますが、いま、公園や学校の遊具がどんどん姿を消しています。どこかで事故が起きると安全性が問われ、それが基準になって、全国一律に撤去されるのは、どうかと思います。

公園のシーソーやブランコなどは、人力で動かすものです。数人がいないと遊べないものも、たくさんあります。そうした遊びのなかで、自分の腕力を知ったり、小さい子や女の子と遊ぶときには気をつけることや、何より〝けがの仕方〟を学んだりしたように思います。

「これは危ないから、遊んじゃダメ」「あそこは危ないから、ダメ」。これでは何が危ないのか、何がダメなのかを知らずに成長してしまいます。力加減や転び方、痛みを経験・学習できないのです。

旭山では、「何の遊具もない、ただの檻《おり》」で動物を飼育していた時代がありました。「つまらない」「かわいそう」と、来園者は減り続けました。そこで、その動物が、動物らしく生き生きできる空間をテーマに、オランウータンの高所での綱渡り、チンパンジーの不安定な遊具などを設けてきました。それが、〝動物園〟として支持された原動力になったのです。

とはいえ、昔の檻と現在の檻の、どちらが動物たちにとって安全かといえば、もちろん、昔のただの檻です。皮肉なことですね。

子供は子供らしく、生き生きと遊ぶほうがいいに決まっています。遊び方を知らないから、大きな事故に直結する。だから遊具は危険――では、悪循環に陥《おちい》る気がします。

人間の干渉のさじ加減

旭川は、近年になく早い雪です。もしかしたら、十二月を待たずに根雪になるかもしれません。〝ペンギンの散歩〟も早まりそうです。

「オオカミの森」の着工も迫ってきました。旭山動物園を、来園者が飼育動物を観察するなかから、自然環境や野生動物たちに思いを馳《は》せることのできる懸《か》け橋にしたい。この施設は、その役割を明確に打ち出す第一弾にしたいと考えています。

オオカミは群れで捉えないと、その本質が見えてきません。しかし、このことは簡単そうで難しいテーマなのです。

旭山動物園の「こども牧場」では、二頭のイヌを飼育していました。一頭はビーグルの「ビー」で、一九九七年の「こども牧場」オープン当初から飼っていました。もう一頭は、レトリバーの「チャンティ」で、二〇〇一年から飼育を始めました。

二頭とも、とてもいい性格で、来園者とふれ合うときでも、吠《ほ》えたりすることが一度もない、スタッフにとって安心して見ていられるイヌでした。

僕たちスタッフは、どちらかというと、体が小さくて高齢になったビーのほうを優先してかわいがる傾向にありました。

ビーをかわいがると、必ずチャンティが割って入ってきて、自分をアピールします。おやつをやるときも同じでした。やがて、ビーが遠慮するようになりました。それでも、われ先にと、まとわりついてくるチャンティを押しのけて、ビーをかわいがったりしました。

そして、事件は起こりました。チャンティがビーを咬《か》んだのです。あのチャンティが……。にわかに信じがたいことでしたが、その後も何度か同じことが起こりました。

チャンティとビーの間には、イヌ同士の上下関係のルールができていたのです。僕たちがそのルールを無視して、ビーを優先して扱ったのが原因でした。

イヌ同士の関係では、チャンティが常に優先されるのが当然であるはずなのに、僕たちはビーに先にエサを与えたりしました。チャンティにすれば、あってはならないことで、ビーを許すわけにはいかなかったのでしょう。

僕たちは、イヌの世界における相互関係をしっかりと理解したうえで、イヌとヒトの関係を築いていかなければならなかったのです。

「飼育する」ことは、動物たちの生活への何がしかの干渉を伴います。僕たちはできるだけ、その影響を小さくすること、陰のような存在になることを目指しています。

オオカミには、家畜化されたイヌよりも、もっと厳格なルールがあります。彼らのルールを無視して平等に扱うような干渉をすると、群れは形成されません。しかし、安全や健康管理は必要です。さじ加減がとても難しい動物なのです。

社会のルールが乱れる昨今、ヒトも、子供たちの関係に大人が干渉し過ぎたり、逆に無関心だったりすることが多いのかもしれませんね。

※冬期開園の名物〝ペンギンの散歩〟（右は坂東園長）

オランウータンの森が
消えていく

2008

レッサーパンダのバランス感覚

年齢を重ねるごとに、一年が早く過ぎ去るように感じるものですが、最近の僕は、異常に早い気がしています。一年が四百五十日くらいあればいいのですが……。この感覚は、今年もさらに加速しそうな予感がします。

しかし、立ち止まるわけにはいきません。ヒトの一生を春夏秋冬に例えるなら、僕の場合、初夏くらいだと思うので、まだまだ楽をする時期ではないでしょう。

昨年の暮れ、構想・設計に三日間、施工に一カ月をかけて、「レッサーパンダ舎」を改築しました。典型的な檻《おり》式だったものを、正面と天井を開放型にして、来園者が行き来する園路側にある大きな木と木の間に、吊《つ》り橋を架《か》けました。レッサーパンダが、来園者の頭上を通って渡れるようにしたのです。

僕は、動物の新たな飼育施設を思い描くとき、その動物の野性での習性、解剖学的な体のつくりなどの知識をベースにします。そして、現状の飼育環境における彼らの実際の行動を観察して、人や物に対する反応を分析したうえで、来園者の視点を考えるのです。

これら、たくさんの軸が一点で交わるとき、具体的なイメージがひらめきます。それは、〝彼らなら、きっとこういう環境を望んでいるに違いない〟という僕の思い込みが、確信に変わる瞬間なのです。

「レッサーパンダ舎」は、まずは合格点です。この動物は決して俊敏ではなく、むしろ、ワンテンポ遅れるようなユーモラスな動作が特徴です。そのなかにも素晴らしい平衡感覚を持っていて、高所で足を踏みはずしても、別の足にちゃんと重心を残しておくなど、樹上生活に適した能力を見ると感動します。

また、警戒心よりも好奇心のほうが勝ってしまう無垢《むく》な性格なので、新しい施設にもみるみる順応していきます。

僕たちは予想もしていなかったのですが、彼らは雪まみれになっても飽きることなく、じゃれ合って遊ぶのです。じっと見ているうちに、彼らの時間のリズムに入り込み、時を忘れてしまいそうになります。

こんなにもゆったりと動物たちが暮らしている、故郷のネパールやヒマラヤはどんな環境なのだろう？　地球は懐《ふところ》が深いな、なんて考えてしまいます。

そして、彼らの故郷をなくしてはいけない！　そんなメッセージが、どこからともなく僕の心に響いてきます。

動物は決して、ある以上に求めたりはしません。与えられた環境のなかで、生きられるだけ生きるのです。

しかしヒトは、〝いま〟以上を求め続け、周りを自分に合わせて変えることで生きている、自然と相容《あいい》れない、異なる生き物だと言わざるを得ません。

私たち人間だけが、違う基準で生きていることを自覚しないと、もう取り返しがつかないよと、地球が警告しています。自然環境、生活環境、教育環境など、「環境」が今年のキーワードになるでしょう。そのなかでも、一番に手をつけなければいけないのは、情報が氾濫《はんらん》し、自殺や殺人の絶えない、私たちの生きる環境なのかもしれません。

オランウータンの森が消えていく

昨年の正月は、いまは亡き、敬愛する写真家・星野道夫さんの写真展を見て、たくさんの刺激をもらいました。

星野さんの写真は、単に動物をきれいに撮るのではなく、周りの景色ごと、生き物の営みや、いのちそのものの輝く瞬間を切り取って見せてくれます。僕が目指すものと非常に近く感じるので、頑張る勇気を頂きました。

今年の正月は、思いきってマレーシアのボルネオ島、サバ州のキナバタンガン川へ行ってきました。旭山にいるボルネオオランウータンの故郷です。

マレーシアでは、いま話題のアブラヤシのプランテーションが、ジャングルを伐採した跡に、ものすごい勢いで拡張されています。

「自然に優しい」洗剤や石鹸《せっけん》、食用油、カップ麺《めん》、スナック菓子などの原料として、生活していて接しない日はないくらい、私たちはアブラヤシから採れる油のお世話になっています。近年は「環境に優しい」バイオディーゼル燃料の原料としても脚光を浴び、その需要は伸び続けています。「自然に優しい」「環境に優しい」はずのアブラヤシが、どのように栽培されているのか。その結果、オランウータンなどの野生動物とジャングルはどうなっているのか、この目で見たかったのです。

真っすぐに伸びる道を車でひた走り、目的地に着きました。その間の四〇キロの景色は、すべてアブラヤシの畑でした。そのはるか彼方《かなた》に、しかも絶望的に小さくジャングルが見えました。

キナバタンガン川周辺では、ジャングルと、人々の生活と、プランテーションが混在していました。境界線がないのです。

川沿いにほんの少し残ったジャングルに、ゾウ、オランウータン、イノシシ、テングザルなどの野生動物が驚くほどたくさん生活していました。ジャングルのもつ包容力、動物たちに食べ物を供給する力はすごいと思いました。しかし、あとほんの少しバランスが崩れたら、ジャングルそのもののいのちが絶えてしまうのではないかという予感もありました。

私たち日本人の生活が、ジャングルを消そうとしているのです。私たちが日々の生活で受けている恩恵を、ジャングルに返さなければいけないのではないか。無計画にプランテーションを拡大せずとも、マレーシアの人たちが豊かに暮らせる手助けをしなくてはいけないのではないかと考えました。

動物園は、動物たちの故郷を来園者にイメージしてもらい、その土地に思いを馳《は》せてもらう懸《か》け橋としての役割も果たしていかなければならないと考えます。今回の経験を通して、具体的な行動を起こす決意を強くしました。

〝お袋の味〟がいのちを守る

加工食品の賞味期限の偽装、原料の偽表示、農薬の混入など、生きる基本である「食」の安心・安全の崩壊が社会問題になっています。

これらはすべて、低コスト、低価格競争が根底にある問題ですね。本来、食の安心・安全は、安易に安価に手に入るものではないはずです。社会のどこかに、大きな歪《ひず》みがあるのです。

賞味期限をめぐる問題は、なかなかやっかいです。日本は食糧輸入大国であると同時に、おびただしい量の食べ物が廃棄される〝食料廃棄大国〟でもあります。これは、とんでもないことです。

昨年生まれたオランウータンの「モリト」が、そろそろ離乳食を食べ始めました。離乳食といっても、母親が作ってくれるわけではありません。母親が食事を始めると、モリトは母親の口のなかに指を入れて、指先についたものをなめるのです。あるいは、母親の口からこぼれたものを拾って、くちゃくちゃとかじります。

こうして、モリトの味覚ができていきます。母親が食べているものを「おいしい」と感じて、離乳していくのです。まさに〝お袋の味〟です。

ジャングルには、たくさんの種類の果実があります。食べても大丈夫か、毒がないかなど、野生のオランウータンにとっては自分の味覚だけが頼りです。僕たちのように、本で調べることはできないのですから。「おいしい」ものは食べて大丈夫、「まずい」ものは食べない。その基礎となるものが、お袋の味なのです。

先日、テレビ番組で、都会の子供を対象に、だしの入った味噌汁と、味噌を溶いただけのものと、どちらがおいしく感じるかという実験をしていました。味噌を溶いただけの味噌汁を「おいしい」と答える子が多いのに驚きました。

僕は、出されたものはなんでもおいしく感じるほうなので強くは言えませんが、お袋の味の崩壊は、味覚で安心・安全を確認できなくなることにつながるのではないかと心配しています。

先に述べた賞味期限とは、その日時・時刻に、その食べ物が腐るという意味ではありません。猶予期間を見ていますから、冷蔵庫に入れておけば、物によっては一週間くらいは大丈夫。食べてヤバそうなら、食べなければいいのです。何が危険かという経験知がないから、数字に頼ってしまうのです。

作り手が期待する本来の味を保証する賞味期限も、そろそろ安全でなくなるという消費期限も、あくまで目安にすぎません。

豊かな国の大量消費・大量廃棄……。食べ物を粗末にしていては生きていけない時代が、目の前に迫っているのかもしれません。「食の安心・安全には、お金がかかる」「食べて大丈夫かどうかは、最終的に自分で判断する」という考え方に変えていかなければならないのではないでしょうか。

食の危機管理能力を高めるには、味覚を鍛えなければ――。人間も、経験から学ぶ能力を持っているのですから。

子別れのタイミング

今年の春、北海道は異常に暖かく、雨が降りません。いまは冬期開園が終わり、三週間の閉園期間中です。「ほっと、ひと息つけますね」と言われますが、いやいや、実は一年で最も忙しい時期なのです。落ち葉の清掃に始まり、堆肥《たいひ》出し、看板のリニューアル、冬の間に温めたアイデアの具現化……。

この期間は、みんなハイテンションになります。

「あいつは何を作っているんだ?」と、互いにスパイ合戦をしながら、溶接や土木工事など、園内には夜遅くまで作業の音が響きます。「昨年より今年」「今年より来年」の精神が、旭山動物園には脈々と流れているのです。

さて、四月八日にライオンが出産しました。昨年の暮れ、生後一歳の子と一緒に暮らしていた母親に発情が来て、交尾も確認していました。野生の環境と違い、動物園では食べ物と安全が保障されているので、どの種《しゅ》も出産の間隔が短くなる傾向にあります。

ライオンの出産を迎える際、暗くて安心できる部屋を産室として用意して、母親一頭だけを隔離します。

ネコ科で唯一、群れを形成するライオン。旭山には母親の「レイラ」と父親の「ライラ」、そして一歳半になる息子の「アキラ」の三頭が生活しています。アキラはたてがみが伸びてきて、人間で言うなら高校生くらい。もう少し経《た》つと、父親によって群れから追われる時期です。

レイラが無事に出産を終えた日から、ライラとアキラの二頭だけを放飼場《ほうしじょう》へ出しました。ところがその日、アキラは父親に脅《おび》えて近寄ろうともしません。ライラがふいに威嚇《いかく》の態度を示すと、放飼場の隅で「どうしていいのか分からない」といった様子です。夕方、ライラが寝室に入った後も、部屋が別なのにアキラは中に入ろうとせず、生まれて初めて放飼場で一頭だけの夜を過ごしたのです。

ずっと母親と同じ寝室だったアキラを落ち着かせようと、次の日に、レイラを放飼場へ出しました。しかし、レイラも出産後で気が立っていたためか、アキラに厳しい態度で接します。

結局、アキラは四日間、放飼場で過ごすことになりました。五日目に母親の後について寝室に収容できたのですが……。野生であれば、母親は出産のために群れから離れているので、迎えに来ることはありません。いまが〝子別れ〟の時なのでしょう。

動物の子別れは、僕たちから見ると冷酷に見えるときがあります。それまでの愛情のかけ方と、あまりにもギャップが大きいからです。しかし、これがいのちをつなぐ営みの現実です。一人で生きられるようになるまでは、これ以上ないほど愛情を注ぎ、ある時点で「自分の力で生きなさい」と突き放すのです。

春は巣立ちのシーズン。ある大学の入学式では、出席した学生よりも、付き添いの親の数が多く、「子離れ、親離れを」と、苦言を含む学長あいさつがなされたというニュースを新聞で見ました。

人間の場合、いつまでも親子関係が続くのは当然ですが、精神的な自立のタイミングを逃さないことも大切ではないでしょうか。

剥製ではなく、いのちを見せたい

例年になく早い雪解けを迎えた四月、北海道では観測史上、最も早い桜の開花を迎えました。「オオハクチョウから、高病原性鳥インフルエンザのウイルス検出！」とのニュースが相次ぎましたが、発症の原因が解明されないまま、彼らは繁殖地のシベリアへと旅立ちました。また秋になれば、多くの渡り鳥が、越冬のために再び飛来することでしょう。

さて、六月末のオープンを目指して、「オオカミの森」の建築が急ピッチで進んでいます。その住人となるオオカミたちも元気です。

オープン時に披露する三頭は、旭山の風土に慣れつつあります。カナダから来た、ともに一歳になるオスの「ケン」とメスの「メリー」（どこかで聞いた名前ですが……）。この兄妹は、体毛が黒くて不気味な雰囲気を漂わせています。秋田市の大森山動物園から来た四歳になるメスの「クリス」の体毛は、ベージュ系です。

最大の課題は、ケンとクリスがペアになるかどうかです。しっかりとした絆《きずな》を持つペアになれば、メリーはクリスよりも下の位となって発情が抑えられ、兄妹婚は起きません。これが実現して初めて、単なる多頭飼育ではなく、オオカミ本来の社会性のある群れ（パック）としての飼育が可能になります。

〝オオカミらしい生活〟の出発点です。

クリスは四年前、ある動物園に輸入されてきました。しかし虚弱なため、仲間と一緒に生活するのが困難でした。ほかのオオカミから攻撃されて、左前肢《ぜんし》の指を欠損し、機能障害も残っています。大森山動物園へ移ってからも、特定のオオカミとは同居できたものの、結局、群れに入ることはできませんでした。

　ケンとメリーは、まだ大人ではありません。年長のクリスは、精神的に優位に立てるのではないかと期待しています。オオカミの社会には、オスにもメスにも厳格な順位があります。メリーが大人になる前に、クリスとの上下関係ができることが、群れを形成する大前提なのです。

「なぜ、そんなに飼育が難しいクリスを、あえて選んだの？」

　その答えは、オオカミの持つ繁殖能力の高さと、近親交配に対する弱さにあります。

　ある動物園でオオカミが繁殖すると、その子供は別の動物園にもらわれていきます。毎年、数頭の子が生まれるので、その繁殖ペアの血統が動物園界に広がることになります。しかし、日本の動物園で飼育されているオオカミの血統は限られているので、子供たちがもらわれた先で、別の血統のオオカミとペアを組んでも、孫の代になると、近親交配が避けられない状況にあります。

そうしたなかで、ケンとクリスがペアとなってくれたら、日本に新たな血統が生まれることになるのです。

飼育下で繁殖させ、種《しゅ》を維持するのは、実は大変なことです。旭山で飼育するのは、シンリンオオカミといわれている種。いま国内に、血縁のない三系統のペアがあり、うまくいけば三代目までは種を維持することができるでしょう。

動物の輸入は現在、さまざまな理由から困難になりつつあります。飼育動物を将来にわたって維持することも、動物園の大切な使命です。剥製《はくせい》ではなく、いのちが存在して初めて、動物園なのですから。

〝檻越しの共存〟というルール

先日、京都市動物園で、飼育係がトラに襲われて亡くなるという痛ましい事故が起きました。亡くなられた方のご冥福《めいふく》をお祈りいたします。

当園でも二〇〇三年、トラによる人身事故が起きました。

「飼育係を襲うなんて、動物園の動物は、どんな扱いを受けているのか？」「飼育係と飼育動物は、いつもいがみ合っているの？」「動物が常に脅《おび》えているから、そんなことになるのでは？」などの声が聞こえてきました。

いずれも違います。

飼育係と飼育動物の関係は、ルールに基づいて築かれていきます。

それは、〝檻《おり》越しの共存〟です。

対象の動物と一定の距離を置き、スキンシップなど、直《じか》に接するようなことはしない――互いの存在を認めたうえでの〝干渉しない共存〟です。

野生動物は皆、互いに接触があってもなくても、あるいは食べる側と食べられる側のいずれの側にあっても、相手の存在をきちんと認識する能力を持っています。それによって、適切な距離を保ちながら、数えきれないほどの種類の生き物たちが、自然のなかで食と住を共にしています。そうやって、直接の関わりを持たなくても、全体の調和が保たれているのです。共存とは本来、そういうものです。

これに対して、動物園という閉鎖環境での、飼育係と飼育動物との関係は、あくまでも檻越しが基本です。ライオンやトラ、クマなどの猛獣類は、人間と比べて圧倒的に高い身体能力、殺傷能力を持っています。そして彼らは、飼育担当者の身体能力を見抜いています。共存するために厳守しなければならないルールなのです。

危険だからと一方的に閉じ込めておくだけではいけませんが、もし、檻越しのルールが破られると、共存関係も崩れてしまいます。

当園の事故を起こしたトラは、飼育係に甘えるように鼻を鳴らし、ネコのように檻越しに頬《ほお》をすり寄せたりします。でも、それはあくまでも檻越しの態度にすぎません。檻があるから、物理的・心理的に、互いの共存関係が保障されているのです。

事故が起きるのは、そのルールが破られたときです。たとえば「檻越しに甘えてくるから、隙間《すきま》から手を入れて撫《な》でてみた」「扉を閉め忘れてしまった」「収容したと勘違いして扉を開け、彼らの空間に入ってしまった」など。

たとえ、生まれてからずっと飼育してきた動物でも、たった一度のルール違反も見逃してはくれません。

動物園に限らず、野生のクマによる人身事故も、ほとんどが、彼らの生活圏を無視して山菜採りに踏み込むなど、人間側のルール違反が原因で起きています。

人工的な世界である動物園といえども、限りなく野生に近い動物と対峙《たいじ》しているという緊張感を忘れてはいけないのです。

「オオカミの森」のメッセージ

六月二十八日、ようやく「オオカミの森」のオープンに漕《こ》ぎつけることができました。いま、正直言ってホッとしています。旭山動物園の施設は全国的に注目されているので、プレッシャーも大きいのです。

ところで、今回公開されたオオカミは三頭。オオカミ同士の関係も、僕たち飼育係との関係も、まだまだしっかりしたものにはなっていません。オオカミらしさが出てくるのも、これからでしょう。

来年のいまごろは二世が誕生し、「ここが自分たちの永住の場所」とばかりに、自信をもって遠吠《ぼ》えしてくれることを夢見ています。

一九九六年、旭山にいた最後のオオカミが老衰で死にました。その年は、入園者数がどん底まで落ち込み、オオカミは「つまらない」動物のまま、旭山から姿を消したのです。だからこそ、再びオオカミを飼育し、リベンジしたいという思いが僕のなかにありました。

前にも少し書きましたが、エゾオオカミを絶滅させたのは私たち人間です。豊かになろう、幸せになろうとするなかで、オオカミは〝害獣〟扱いされ、有害動物として徹底的に駆除されたのです。

その影響で増殖したエゾシカも、畑の農作物のみならず、本来の生活の場である自然林さえも破壊する害獣となってしまい、自然環境に深刻な問題をもたらしています。しかし自然界に、もともと害獣なんて存在しないのです。人間が一方的に、そう決めつけただけなのです。

ヒトの生き方は、それ以外の生き物から見れば、あまりにも異質です。たとえば、ハエを殺して棄《す》ててしまうのは人間だけです。庭の花についているアブラムシを殺虫剤で殺してしまうのも人間だけです。それらのいのちは、自然のなかに全く還元されません。

このことに罪悪感を持つ人は、ほとんどいないでしょう。でも、すべてのいのちが循環することが、自然の摂理に沿って生きるということなのです。ハエは、スズメの子育てに欠かせない大切な食料です。無数の死があるからこそ、たくさんのいのちが育まれるのです。意味のないいのちや、無駄ないのちは一つもありません。

旭山では、次は「エゾシカの森」を計画中で、施設の設計は大詰めを迎えています。エゾシカの森のなかに小さな農園をつくり、エゾシカとヒトが共存する生活を見てもらおうと考えています。

旭山が発信しようとしているメッセージは、「オオカミの森」に次ぐ「エゾシカの森」が出来上がって初めて、完結したものになるのです。

ペンギンたちの過酷な夏

今年の北海道は、例年になく過ごしやすい夏を迎えました。特に朝晩は肌寒いくらいで、窓を開けて毛布一枚で寝ると、風邪をひきそうなほど。お盆を過ぎたころから、もう秋の気配が漂い始めています。

寒冷地に生息するペンギンにとって、繁殖期と重なる日本の夏は厳しい季節です。当園では、屋内の放飼場《ほうしじょう》に夏は冷房を、冬は暖房を入れています(なぜ暖房？　と思われるかもしれませんが、すべての種類のペンギンが、寒い環境を好むわけではありません)。屋外の放飼場とつながっているので、どちらで過ごすかはペンギンの自由です。

イワトビペンギンは、まだ暑くない六月に産卵します。屋外放飼場の擬岩のくぼみに、小石を運び込んで巣を作るのですが、順調に卵が孵化《ふか》して、ヒナを育てるころに真夏を迎えるので、ここから過酷な育雛《いくすう》が始まります。

飼育係は、日陰になるように巣の上部に覆いを作って、そこに保冷剤を入れたり、扇風機で風を送ったりと、工夫を凝《こ》らします。

イワトビペンギンは厳しい暑さが苦手です。「こんなに大変な思いで子育てをするのなら、来年は別の場所にしよう」と考えそうなものですが、なぜか毎年、同じ場所で卵を産もうとします。

夏の盛りの育雛は、ストレスが大きく、病気の引き金になりかねません。そこで昨秋、屋内放飼場を大改修して、イワトビペンギンの繁殖場を整備しました。岩棚を作り、くぼみをたくさん設けたのです。

ペンギンの種類別に異なる姿や形、身体能力の差は、そのまま生活環境の選択に反映されます。

イワトビペンギンは、岩棚をピョンピョンと蛙《かえる》跳びのようにして駆け上ります。そのひたむきでユーモラスな姿は「そこに山があるから」と言わんばかり。ほかの種類のペンギンには、まねができません。

イワトビペンギンは、どうやら屋内の岩棚を気に入ってくれたようです。ほかにも、キングペンギン、ジェンツーペンギンが、それぞれのスタイルで繁殖できる環境を整えました。

新しい岩棚でのイワトビペンギンの赤ちゃんの誕生を楽しみにしていましたが、今年は残念ながら、孵化には至りませんでした。来年に期待したいと思います。

動物園の動物たちは、決して広いとはいえない環境で一生を過ごします。たとえ、僕たち飼育係が何もしなくても、動物は文句を言いません。与えられた環境で、生きられるだけ生きて、一生を終えるのです。

僕たちは、その動物らしい一生を全うさせるために何ができるのかを、常に考え続けています。それが、飼育下にある動物たちのいのちに対する責任だと思うからです。

人間は自然のなかにいない

八月の末、東京へ出張しました。出席する会議は、上野公園内の施設で開かれます。ニュースでは「最高気温は二八度。過ごしやすい……」と言っていましたが、湿度の高さが尋常ではありません。

「どうだ！ このベトベトした汚い空気に耐えられるか！」「こんな空気にしたのは誰だ！」と、空気が自己主張しているようにさえ思えました。慣れない背広を着て、気力の失《う》せかけていた僕でしたが、セミの声に救われました。アブラゼミ、ミンミンゼミ、ツクツクボウシ、クマゼミ……上野公園には、セミの声があふれています。

アブラゼミを見つけて、思わず携帯電話のカメラで写真を撮りました。周りの人は変な目で見ていましたが、恥ずかしさは忘れていました。本当は、この手で捕まえたかったのです。

卵から孵《かえ》ったアブラゼミの幼虫は、土のなかで木の根の樹液を吸って成長します。幼虫の期間は、なんと六年間。それでようやく地上に出て成虫になり、次のいのちへとバトンをつなぐのです。成虫の期間は、わずか二週間ほどしかありません。

つまり、いま鳴いているアブラゼミは六年前に誕生したいのち。もしも木がなくなり、地面が舗装されてしまっていたら、この日のセミの声は聞けなかったのです。

出張の少し前、旭川市役所へ行ったときのこと。町の中心部にもかかわらず、タカの仲間のチゴハヤブサ（稚児隼）が、けたたましく鳴いていました。巣立ちをしたばかりの若鳥二羽を連れた家族が、本庁舎のてっぺんのアンテナに止まっていたのです。信号待ちの人たちは誰も気づいていません。空を見上げているのは僕だけでした。

チゴハヤブサは、主にカラスの古巣を利用して繁殖します。カラスの巣は身近にあるので、チゴハヤブサは意外にも、人間の生活圏でいのちをつないでいるのです。

ヒナが巣立つ八月末は、ちょうど赤トンボが舞う季節。普段はスズメなどの小鳥を主食にしていますが、巣立ちの時期にはトンボが大切な食料となります。

最近、カラスに通行人が襲われる危険があるからと、巣を撤去するケースが増えています。もし、本庁舎近くの木にあるカラスの巣が撤去されていたら……。今年は運がよかっただけなのかもしれません。

もっとたくさんの人が、ほんの少し、身の周りの生き物に優しくなって、彼らの営みを知ってくれていたら、こんな日本にはならなかったはずです。日本人は四季折々の自然を愛《め》で、敬意を払ってきたはずなのに、いつから自分勝手に生きる道を選んでしまったのでしょうか。

「自然を守る」という言葉には、「自分たちは自然のなかにいない」という意識が見え隠れしているように感じます。私たち人間も、自然のなかに生きているのです。同じ空気を吸い、同じ太陽の光を浴びているのです。

未来へいのちを引き継ぐ動物園

相変わらず、月日の経《た》つのが早くなっているように感じます。十月十九日には夏期開園が終わり、十一月からは冬期開園です。根雪になると、園の名物である〝ペンギンの散歩〟が始まります。

いま、僕が一番楽しみにしているのは、真っ白な雪原で、オオカミが白い息を吐きながら、遠吠《ぼ》えをする姿を見ることです。ピンと張りつめた冷たい空気に響き渡るオオカミの声を想像すると、待ち遠しさが募ります。

今年の冬は「エゾシカの森」建設という大きな仕事が待っています。場所は「オオカミの森」の隣で、年度内のオープンを予定しています。オオカミとエゾシカの二つの施設が完成して初めて、一つのコンセプトが出来上がるのです。

これから私たちは、北海道でどう暮らしていけばいいのか？　北海道の自然と、どのように共生していくのか？　そうしたことを考える、一つのきっかけになる施設を目指しています。

エゾオオカミを絶滅させたのも、エゾシカの増加による農林業の食害問題などに頭を悩ませているのも、私たち人間です。また、エゾシカを、自らの生活の場である森さえも破壊してしまう〝モンスター〟に化けさせたのも、人間に原因があるのです。

ヒトが大地の豊かさを独り占めにしようとしたことによって、ほかの生き物は翻弄《ほんろう》され、多くのいのちが病んでいます。

「エゾシカの森」では、エゾシカの素晴らしさを伝えることを第一の目標に、新たな試みをしてみようと考えています。放飼場《ほうしじょう》のなかに小さな農園を作って、市民とともに春の種まきから秋の収穫まで行うのです。いわば、北海道の現状ミニチュア版です。

おそらく、手塩にかけて育てた農作物が、エゾシカに食い荒らされたりもするでしょう。そこで、どうしたら農園を守ることができるのかを考え、対策を練るのです。

農園のすぐそばで、エゾシカの子が生まれ、成長していきます。オスの袋《ふくろ》角《づの》が驚くべき速さで長くなるといった生態も肌身に感じながら、秋の収穫を迎えることになります。

豊かな大地はヒトだけのものではありません。エゾシカたちも生活しているのです。「自然を大切に」と言うとき、あたかも別世界から呼びかけているような感覚に陥《おちい》りがちですが、ヒトも自然のなかに生きているのだと認識することが大切です。これが、生き物たちと共生するための原点だと思います。

僕たちは次の世代に、どのような北海道を引き継ぐことができるのでしょうか。

動物園は、たくさんの生き物がいのちを引き継ぐことのできる、未来のために存在するのだと信じています。

キリンの「ゲンキ」、初めての越冬

旭川には着実に冬の足音が近づいてきています。すでに初雪が降り、最低気温は零度まで下がりました。このまま冬になってほしいものです。真っ白な雪の丘で白い息を吐きながら、オオカミが遠吠《ぼ》えする姿を、少しでも早く見たいからです。

冬になると、来園者から「こんなに寒い土地で、アフリカなどの暖かいところに棲《す》む動物たちは、どのようにして冬を越すの？」と、よく聞かれます。北海道で生活する者にとって、雪や寒さは特別なものではありません。しかし、ヒトはもともと〝熱帯出身〟ですから、寒さに平気ではいられません。

たとえばスキー場では、二、三時間おきに、必ず室内で暖を取ります。そうすることで、外で過ごすことができます。

キリンやサイ、ライオンなど熱帯の動物も同じことです。一定時間を屋外の放飼場《ほうしじょう》で過ごした後は、適度に暖房の効いた屋内の寝室に戻してやれば、全く問題ないのです。

旭山動物園が冬期開園を始めたころ、開園時間は、午前十一時から午後二時までのわずか三時間でした。その訳は、寒さを最も苦手とするキリンが、冬でも外で快適に過ごせる時間が、およそ三時間だからです。

キリンは体重の割に体表面積が広く、体が冷えやすい体形をしています。冷えることで怖いのは下痢《げり》です。冷えが原因でお腹《なか》をこわすと、なす術《すべ》がない状態になりかねないのです。下痢が一週間も続くと、いのちを落としてしまいます。

さらに怖いのは、雪です。雪は滑ります。そう、転倒が最も恐ろしいのです。

キリンは脚立《きゃたつ》のような体形をしているため、高度なバランス感覚で歩行しています。ある意味、二足歩行のヒトに近いものがあります。キリンが転倒すると、頭部には、家の二階から飛び降りてぶつけたくらいの衝撃が加わります。

また、足をくじいてしまうと、三本足ではバランスが取れず、立っていられなくなります。どちらも、キリンにとっては致命傷になるのです。

まず、「雪は滑る」ことを覚えさせねばなりません。そして、彼らが「滑り歩き」をマスターすると、もう立派な〝旭山の住人〟です。

今年六月、山口県周南《しゅうなん》市の徳山動物園から、アミメキリンの「ゲンキ」がやって来ました。今年初めて、旭川の冬を迎えます。

とても活発なゲンキは、走り回るのが大好きです。あまりに元気なので、本格的な冬を前に、かえって心配が募ります。

雪の降り始めから、徐々に雪というものを覚えさせるとともに、放飼場の雪かきも例年よりしっかり行い、この冬を無事に越えさせてやらなければなりません。ひと冬越えれば安心です。

今年の冬、僕たち飼育係が一番気を使うのは、ゲンキの冬越しになりそうです。

すべてのいのちは循環している

この冬の動物園の滑り出しは順調で、八月に生まれたキングペンギンのヒナが、すくすくと育っています。

フワフワとした綿羽《めんう》に覆われたヒナは、大人よりひと回り大きく見えるので、「あれは何？　ペンギンのボスじゃないの！」と、びっくりして見ているお客さんもいます。

キングペンギンのヒナは七カ月で成長し、独り立ちをします。春先になると、茶色の綿羽が成鳥の羽根に生え替わり、大人の仲間入りをするのです。

さて、旭川にもハクチョウなどの水鳥類が渡ってきました。高病原性鳥インフルエンザの問題が発端《ほったん》となり、餌《え》づけを自粛する取り組みが各地で始まっています。

この餌づけ問題にも、動物園が積極的に関わっており、着実に成果を上げつつあります。これを機に、人間と野生動物との本来の関係を取り戻すことに、人々の関心が向いてくれればうれしいのですが……。

感染症が怖いからと、日本中が一斉に餌づけをやめてしまうことには、一《いち》抹《まつ》の不安があります。ハクチョウたちが越冬する場所には、ヒトと関わらずに済むエサ場が、それほどないからです。

事実、餌づけに頼って越冬しているハクチョウたちも少なくありません。予防科学的な検証を進める一方で、彼らから奪ったものを補ってやる取り組みも、検討していかなければならないでしょう。

鳥インフルエンザウイルスの鳥からヒトへの感染は、不自然で濃密な接点を持たなければ、必要以上に恐れることはありません。このことを、国民共通の理解にしたいものです。

弱っていたり、傷ついていたりするハクチョウを見つけると、「助けてあげたい」と誰もが思います。ごく自然な感情です。

でも、ほかの動物たちから見るとどうでしょう？　厳しい冬を迎える前のキタキツネや、大型の猛禽《もうきん》類などにとっては、ハクチョウはシベリアの大地からの恵みなのです。過酷な渡りの旅の末、年老いたものや体力のないもの、傷ついたものは脱落し、死んでいきます。こうしたハクチョウの死骸はすべて、ほかの動物を養う恵みになるのです。

日本でいのちをつないだハクチョウたちは、春になるとシベリアへ旅立ちます。これも、シベリアにいる動物たちに恵みをもたらす旅ともいえます。すべてのいのちは循環しているのです。

いま、私たちが考えねばならないのは、自然を保全する仕組みです。日本は食べ物やエネルギーや木材を、外国から大量に輸入しています。それらを消費し尽くして、恵みをもたらしてくれた大地には、何もお返しをしていません。これが、地球環境問題の原因の一つであるといっても過言ではないでしょう。

僕たちもハクチョウを見習って、いのちが循環する仕組みをつくらなければなりませんね。

いのちは必ず
死で終わる

2009

自然遺産、みんなで守る仕組みを

新年を迎えてから、北海道の東端にある知床《しれとこ》へ行ってきました。林野庁主催の「知床永久《とわ》の森林づくり協議会」に出席するためです。

知床は、ご存じの通り、世界自然遺産です。二〇〇五年に登録されてから爆発的に観光客が増えるとともに、さまざまな問題が生じてきました。そして近年は、ブームが去ったかのように観光客が減少し、今年度は登録前の水準を下回るかもしれないといわれています。

ある意味、正常に戻ったともいえるのですが、自然遺産を守るためには、お金が必要です。行政がお金を出して維持していくのには限界があります。

また、お金だけではなく、人の力も必要です。

そこで、「知床の自然遺産は国民の財産である」という意識を育てて、みんなで守る仕組みをつくろうというのが、この協議会の目的です。

さて、知床の大切さって何でしょう？　皆さんは、どう考えますか？

観光客の多くは、雄大な景色をはじめ、間近で見られるヒグマやオジロワシ、エゾシカとの出会いを期待します。そして、その姿が見られたか見られなかったかという、いわば表面の部分だけで知床を評価するきらいがあります。

しかし、その裏側では、心ない人たちによるヒグマなど野生動物への餌《え》づけの問題や、登山道のゴミ問題などが発生しています。そこに暮らす人々や、自然を守る取り組みをしている人たちは、こうした問題の処理に追われ、疲《ひ》弊《へい》しているのです。

もし、観光客がオジロワシを見ることで、オジロワシを抱きかかえている知床の自然の豊かさや広がりを感じることができたらどうでしょう。シマフクロウの鳴き声を聞いて森の奥深さを感じたり、エゾバフンウニに舌鼓を打つことで海の豊かさをイメージできたりすれば、きっと、自然に対する見方も変わってくるでしょう。そして、人間の暮らしが、そんな自然の豊かな恵みによって成り立っていることに気づくことができたら……。

「自然を守る」と、口で言うのは簡単です。自然のいいところだけを見る観光も、つまみ食いのようなものです。

知床を訪れたことが原体験となって、日常生活に戻ったときに、何か一つでも暮らし方を変えることにつながったり、知床を守る取り組みを支援したい気持ちが芽生えたりする、そんな仕組みをつくることができないかと、今回強く感じました。

雄大な自然遺産・知床は、斜里《しゃり》町や羅臼《らうす》町などの田舎町に広がっています。

ひと口に自然といっても、そこには人々の暮らしがあるのです。

言うまでもなく、都会に暮らす人も、田舎に暮らす人も、互いに支え合うことで社会は成り立っています。だからこそ、知床の地に住む人たちが、安定した暮らしを営める仕組みをみんなでつくらなければ、この豊かな自然を守ることはできないということを、私たちは忘れてはなりません。

オオカミとして生きた「クリス」

二月七日の朝、昨年夏にオープンした「オオカミの森」で暮らす三頭のうち、メスの「クリス」が死亡していました。首には咬《か》み傷があり、床には血《けっ》痕《こん》が残っていました。一方的に、やられたようです。

クリスは園に来た当初から、人間への依存度が高いオオカミでした。呼び名を変えるなどして、人への依存度を下げ、オオカミ同士で関わる時間が長くなるよう工夫しました。

共に暮らすオスの「ケン」とメスの「メリー」は一歳になったばかりの兄妹で、まだ精神的に成獣ではありません。

オオカミは、厳格な順位のもとに群れをつくり、最上位のメスだけが繁殖を許されます。僕たちは、クリスがメリーよりも上位になることを期待していました。体格面では負けていたクリスですが、精神面ではメリーよりも優位な地位を保ってほしいと願い、見守っていたのです。

秋には運動量も増え、クリスの体格は明らかにたくましくなっていきました。前足の機能障害による不自由さも目立たなくなり、しっかりと遠吠《ぼ》えもするようになりました。

冬になり、年が明けて、クリスに発情の兆候が見られました。クリスの行動は、特にケンに対して積極的になりました。ケンとメリーが並んでいると、間に割って入ったり、メリーを牽制《けんせい》したりするようにもなりました。

ケンも積極的、とまではいきませんが、クリスのにおいをかいだり、追尾したりするような行動が見られました。

三頭が同じ場所で遠吠えをすることも多くなりました。メリーには発情の兆候は見られなかったので、この状態なら、当初のもくろみ通り、ケンとクリスの繁殖が実現するのではないかと思っていた矢先の出来事でした。

今回のことで、たくさんのお手紙や電話を頂きました。

「どうして、ハンディのあるクリスを、ほかのオオカミと一緒にしたのか！」

お叱《しか》りの内容が多くありました。

でも、僕は思います。

動物園は、人間の価値観や生き方を基準にして動物を見せるのではなく、動物のありのままの生態を通して、それがいかに尊く素晴らしいことかを伝える場だと考えています。

ヒトはわがままな行動をし続けることで、動物を絶滅させ、環境を破壊してきました。自分たちにとって都合のいい愛し方や関わり方をする一方で、不利益になる生き物は排除してきました。エゾオオカミを絶滅させたのは、私たち人間です。

ヒトと動物との共生は、その動物の生態を正しく知ることから始まります。これからの未来を考えるとき、動物園はそのための窓口でなければならないと思っています。

クリスは、旭山に来てからの一年間、オオカミとして生きようとしていました。クリスの死を次に生かすことが、僕たちにできる最大の供養だと考えています。

氷や雪を頼りに生きるいのち

昨年夏に生まれたキングペンギンのヒナが、両親に育まれて順調に成長しています。体重も大人並みになり、もうすぐ親離れ子離れの季節を迎えます。園の冬季の名物イベント〝ペンギンの散歩〟に、例年、気の向いたヒナがついていきます。でも、途中で嫌《いや》になって、「ぺんぎん館」に戻ろうとせず、飼育係を困らせます。

しかし、今季のヒナは一度も散歩についていくことはなく、ひたすら〝留守番〟をしていました。

もっとも、これが本来の習性なのです。ヒナが集まって「クレイシ」という集団をつくり、親が海から魚を捕ってくるのを待っているのです。

今季のヒナは、茶色の綿羽《めんう》から成鳥の羽根に生え替わるのが早く、一月にはすでに、フリッパー（ひれ）やおしりの部分が成鳥の羽根になっていました。

二月に入ると、胸の辺りも白い親羽根になり、「これも暖冬の影響かね」などと冗談めかして話していましたが、その後は換羽《かんう》も止まり、ちゃんと帳尻が合いそうです。

それにしても、昨年に続いての暖冬です。今年は特にしばれる日が少なく、三月に入って急速に雪解けが進んでいます。

例年、キングペンギンの親の換羽が本格化したころに〝ペンギンの散歩〟を終了していました。今年は、親の換羽がまだ本格的に始まっていないのですが、早い雪解けで散歩道の雪の確保が難しい状況です。朝、前もって集めておいた大量の雪を散歩コースに敷いても、夕方にはズブズブのシャーベット状になってしまいます。

ヒナも親も、今年は何かしらリズムが違います。

オホーツクの流氷の離岸も異例の早さで、三月中旬には始まりました。接岸期間も短く、流氷頼みの冬の観光は大打撃を受けたようです。

僕は、ゴマフアザラシのことが心配です。

ゴマフアザラシは流氷の上で、真っ白な赤ちゃんを産みます。約三週間で離乳し、その後は自力でエサを捕らなければなりません。泳ぎもまだ上手《じょうず》でない子供のアザラシにとって、沖の深い海でエサを捕りながら生きていくのは容易ではありません。

かといって、岩場で生まれた赤ちゃんは目立ちすぎるので、カラスやキタキツネに襲われてしまいます。親も子育てに集中できず、育児放棄してしまうことが多いようです。

ほんの数週間の差じゃないか、と私たちは思ってしまいます。確かに、雪解けが早いと、畑仕事は楽になるかもしれません。動物園でも、春の開園準備の雪割り作業をせずに済むので楽です。でも、寒さや雪や氷を頼りに生きるいのちがあることを忘れてはいけません。

ほんの小さな自然の歯車の狂いが、いつか大きな生態系の崩壊へとつながりかねません。もしかしたら、もうすでに、地球の大きなリズムが狂い始めているのかもしれません。

オランウータン「モモ」の死

園長に就任して、ひと月余りが経《た》ちました。

「就任の抱負を……」と、よく聞かれるのですが、動物たちにとって、誰が園長であろうと関係ありません。〝現場主義〟でやってきた従来のスタンスを変えることなく、と思っています。しかし、想像以上に大変な毎日です。

四月に設ける閉園期間は、夏期開園を控える大切な準備期間です。全員出勤態勢で、新たな展示の具体化、看板のリニューアルなどを行います。

さらに、施設の大規模改修や修繕《しゅうぜん》も、この時期に終えなければなりません。部下への引き継ぎ事項も残っていますが、とてもそんな余裕はありません。開園日は待ってくれないのです。

閉園期間中、心にグサリと痛みの走る事故がありました。四月二十日、メスのオランウータンの「モモ」が、首にロープがからまって死亡したのです。モモは旭山動物園で生まれ、六歳になったばかりで、そろそろ独り立ちを迎えようとしていました。母親の行動を見よう見まねで覚え、最近では弟の面倒もよく見ていました。

オランウータンは単独で生活します。子育ても母親が単独でしますから、独り立ちをするまでに、出産や子育てに関わることを母親から学ぶのです。モモは、たくさんのことを母親から学んでいました。やんちゃ盛りを過ぎて、落ち着きが出てきた矢先の出来事でした。

死因は、室内の寝台の上にぶら下がったロープにありました。ほつれると、手や首に巻きついて事故につながりやすいので、ロープの中間や端に結び目をつくっていました。モモは寝台に乗って立ち上がり、両手を使って結び目と結び目の間をほぐし、そのすき間に頭を入れ、体をひねったものと思われます。頸部《けいぶ》には、わずかな圧迫痕《こん》しかなかったことから、柔道の絞め技で「落ちる」ように気を失い、両足の力が抜け、首をつった状態になってしまったようです。まさか、足の立つこんな低い場所で……。

オランウータンは、何かをしようとすると、成し遂げるまでそのことに集中します。やりかけた状態では終わらないので、危険の兆候を見つけづらい一面があります。

今回の反省から、ロープの結び目の間隔を狭くし、ほぐしにくい構造のロープのサンプルを取り寄せています。

オランウータンの母親は、子供が幼いころはロープにつかまることも許しません。成長に応じて、徐々に遊ぶことを許すのですが、最初のころは自分の手の届く範囲内で遊ばせます。

言い換えれば、ロープがあることで、母親は常に子供に関心を持ち続けるのです。ロープがあるからこそ、親子の絆《きずな》、兄弟の絆が育まれる姿を見てきました。ロープをなくしてしまおうとは考えていません。

事故の確率をゼロにすることはできないでしょう。確率をいかに低くできるかを考え、よりオランウータンらしい生活ができる環境を整えていきたい。それが、モモの死に報いることだと思うのです。

いのちは必ず死で終わる

淡い緑が濃い緑に変わって、木陰が心地よい季節になってきました。エゾシカの〝衣替え〟がようやく終わり、明るい茶色に白い斑点《はんてん》が散らばる鹿の子《かこ》模様になりました。鹿の子模様は、森の木漏れ日を通して見ると、見事な保護色になっていることが分かります。捕食者から身を守るためです。

しかし、エゾシカが最も警戒しなければならない捕食者のエゾオオカミは、すでに存在しません。僕には、木漏れ日のなかでたたずむエゾシカの姿が、どこか悲しい風景に見えてきます。いのちが引き継がれてこそいのちが輝くという、自然の仕組みが働かなくなった結果、エゾシカは畑を荒らし、本来の棲《す》みかである森さえ破壊するようになり、〝害獣〟のレッテルを貼られてしまいました。人間の暮らしが、彼らを有害な生き物にしてしまったのです。

私たちは、人間を基準にすべての事象を判断しがちです。しかし人間の価値基準が、ほかの生き物たちの基準ではありません。むしろヒトは、特異な生き方を選んだ動物といえるでしょう。いまこそ、生き物たちとのつながりのなかでヒトも生きているということを認識しなければなりません。

六月はたくさんのいのちが誕生する季節です。エゾシカもタンチョウも、多くの種類のカモたちも……。一方で、死を迎える動物たちもいます。動物園は、いのちの連鎖の輪から特定の動物を抜き出して飼育しています。自然界では獲物を捕る能力や逃げきる能力の衰えが、死を意味します。動物園では安全と食べ物が保障されているので、自然ないのちの終わりを迎えることができません。ヒトと同じように老衰し、がんなどの病気に罹《かか》って死んでいくのです。

先日、トラの「いっちゃん」が死亡しました。老齢期に入った十三歳で、死因は肝臓がんでした。舌が真っ黄色になり、食欲がなくなり、がん組織からの出血が続き、腹水が溜《た》まって、お腹《なか》だけが異常に膨れた状態になりました。

ほとんど寝たきりになった体は、糞尿《ふんにょう》にまみれ、床ずれが出来始めていました。でも、意識はあります。檻《おり》越しには、とても良好な関係を保っている飼育係でさえ、檻のなかに入ることをいっちゃんは許しません。僕たちは、いっちゃんの生の尊厳を最優先に考え、「安楽死」を選択しました。

いのちは必ず死という形で終わりを迎えます。動物たちの死と向き合うなかで、ヒトの生のありようについても深く考えさせられます。

眠っている能力を目覚めさせる

このところ、週末ごとに雨が続いています。「北海道に夏はいつ来るの？」という状態です。

いま、八月末のオープンに向けて、旭山動物園の「てながざる館」の建設が大詰めを迎えています。とても複雑な構造物で、「こんなものをコンクリートで造ることができるんだ。すごい！」と感動する毎日です。

これと並行して、ここに入居する動物たちも準備中です。「てながざる館」では、すでに同じ施設で同居しているクモザルとカピバラのように〝異種共生展示〟を目指しています。現在、飼育中のシロテテナガザルと同居する動物の選定や、新施設に慣れさせるためのスケジュールを検討しているところです。

テナガザルは、当園で飼育している霊長類のなかで、ズバ抜けた運動能力を持っています。新しい施設の遊具は、その運動能力を制限しないよう、ダイナミックなものにしました。果たして、どんな動きを見せてくれるのか。楽しみに思う半面、事故が起きないかと考えると、胃が痛くなってきます。順調にいけばいいのですが……。

さて、四月にオープンした「エゾシカの森」。当園では草食獣、つまり〝食べられる側〟の動物の本格的な施設を持つのは初めてでした。彼らは、〝食べる側〟の動物と正反対の反応を示します。同じ景色や物体を見たり、同じ音を聞いたりしても、「興味」より「警戒」が勝ってしまうのです。

また、程度の差はあるものの、大人になればなるほど保守的になります。新しい環境への適応には「時間がかかるだろうな」と予想していました。

今回、引っ越したエゾシカの群れは、生後数日で保護されて十数年経《た》った親と、昨年生まれた子供たちの七頭で構成されています。これまでは、全く起伏のない、なだらかな斜面の「エゾシカ舎」で暮らしていました。しかし、エゾシカの本来の生活能力はとても高く、平原、森、切り立った岩場までを生活圏にしています。新たな「エゾシカの森」は、そんな生活環境を凝縮して再現したものです。

エゾシカたちは、思ったよりも早く、新居になじんで落ち着いてくれました。しかし、以前の飼育環境に似た、なだらかな斜面以外の場所へは足を向けようとしません。人工的に造った岩山では、蹄《ひづめ》に伝わる感触の違いに戸惑うのか、明らかに緊張した様子でした。

そこで、「エゾシカたちに新しい環境のすべてを安全なものと認識させること」「眠っている身体能力を徐々に目覚めさせること」「そのために岩山に登る目的を与え続けること」――を根気よく続けてきました。

担当者の努力の甲斐《かい》あって、ようやくエゾシカの自発的な岩山登頂に成功しました。しかし、まだまだ眠っている能力があります。

新施設で初めて生まれたエゾシカの子供は、ごく自然に岩山になじんでいます。これからもエゾシカたちが、どのようにして秘められた能力に目覚めていくのか、興味は尽きません。

電気柵でエゾシカの〝道〟を確保!?

北海道では夏らしい日のないままに、お盆を迎えました。

旭山動物園の「てながざる館」のオープンが間近に迫り、お盆明けには、業者の人と一緒にロープを張ったり、手直しをしたりと、最終仕上げに掛かります。

テナガザルたちは、従来の「サル舎」で過ごしながら、新しい放飼場《ほうしじょう》に設置する電気柵《さく》に慣れるための訓練に入ります。柵は、最終的な脱出防止用です。

電気柵と聞くと、非常に悪いイメージを抱く人が多いようですが、その役割は、いわば工事現場にある赤白のコーンとバーのようなものです。動物はコーンとバーの意味を理解できないので、「ここから先へ入ってはいけない」ということを体に覚えさせる必要があるのです。

電気自体は微弱なので、いのちに関わることはありません。触るとビリッとくるので、不愉快な気分にさせられます。一度経験すると、大抵の動物は二度と触ろうとしません。いったん学習すれば、電気柵のある空間で過ごすことに、ストレスを感じないようです。

さらに今回は、電気とともに色を使って心理的な効果を高めようと試みています。具体的には、電気柵を取りつける円盤状の鉄棒を水色に塗りました。人間と同じように、サルの仲間も色の識別ができます。水色は自然界にありそうでない色なので、効果を期待しています。

この電気柵を、僕は閉じ込めるための道具とは考えていません。テナガザルにとって、より開放的で、彼らの持つ運動能力が発揮できる空間をつくるための道具だと捉えています。「ここは入っちゃダメなんだ」と、彼らが理解してくれればいいのです。

ところで、北海道の農家では、野生動物の畑への侵入を防ぐために電気柵を設けるところが少なくないのですが、これはどうも、人間の一方的な都合で使われているように思えてなりません。

野生動物が暮らす森や林は、ただでさえ人間の生活圏によって分断されています。みんなが畑を守ろうと電気柵を張り巡らすと、最終的に動物は閉じ込められてしまいます。

動物が移動できなくなると、彼らが暮らす森や林への負荷が大きくなります。皮肉な話ですが、野生動物によって、自然が破壊される結果になりかねないのです。

北海道では、エゾシカの食害が大きな問題になっています。エゾシカは本来、移動しながら生活する動物で、必ずしも畑の作物を食べるためだけに人間の生活圏へ出てくるわけではありません。もともと彼らが移動していた〝道〟を、人間が奪ったために、食害が起きている一面もあるのです。

電気柵を、ヒトとエゾシカが共生するための道具と考えれば、彼らが移動するための〝道〟を畑のなかに確保してやれるかもしれません。

ヒトと動物が共生するために、人間の知恵や技術を駆使しなければならない時代が来ていると思います。そのための発想の転換が、いま必要ではないでしょうか。

想定超えたテナガザルの大ジャンプ

春には「エゾシカの森」「ホッキョクギツネ舎」、夏には「てながざる館」と新施設のオープンが相次ぎ、ちょっと大変な上半期でした。

特に、テナガザルにはドキドキさせられました。とても素晴らしい動物なのに〝小悪魔〟に見えたほどです。

旭山動物園では、常に「より、その動物らしく生活できる空間づくり」を目指しています。無難にではなく、チャレンジ精神をもって展示に挑んでいるのです。そして動物たちの姿を通して、来園者に感動を味わってもらえるように工夫しているつもりです。

そのため、どの施設も、一つ間違えると動物の大脱走につながる危険性をはらんでいて、そこをどう見極めるかが、旭山らしさの勝負どころともいえます。

当園で飼育しているサル類のなかで、群を抜く運動能力を持っているのがシロテテナガザルです。そう広くない檻《おり》のなかで飼育していましたが、目で追えないほど素早く身軽な動きを披露していました。そして「あの動きが連続したら、どうなるのだろう?」という点が読みきれないまま、「てながざる館」の設計・施工へと進んだのです。

新施設へ引っ越して、動物たちを初めて放飼場《ほうしじょう》へ出すときは、いつもドキドキするのですが、今回はなおさらでした。

あの日、テナガザルたちは、目を見張るような動きをしました。腕を使って移動するブラキエーション（腕渡り）は、想像していた以上にダイナミックで、素晴らしい動きです。時々は動きを止めて、周りを見渡します。あたかも、新たな施設のすべてを把握しようとするかのように……。

いや、彼らは把握したのです。放飼場へ出して五分くらい経過したとき、血の気が引くような出来事が起きました。

今回の新しい施設には天井のない場所があるので、壁面を伝って屋外へ出てしまわないように、内側にせり出した屋根を設けています。ある一頭が、その屋根の下、地上約七メートルの壁面に設置した長さ四〇センチの鉄棒の上にちょこんと座り、ふと上を見上げました。

次の瞬間、なんの躊躇《ちゅうちょ》もなく空中へジャンプ！　あり得ない体位で、オーバーハングした屋根に手をかけると、その上にスルリと上がってしまったのです。

そして、しばらくすると、何ごともなかったかのように放飼場内へ戻ってきました。「新居はこうなっているんだ。なかなかいいね。ありがとう」と納得顔でした。

飛びつく先が見えない条件下で、そんなジャンプは力学的にあり得ないと考えていたのに……。脱走したわけではないのですが、「読みきれていないかも」が、果たして現実になってしまいました。こんな経験は初めてです。

「このサルは高等？　下等？」といった質問を受けることがあります。いったい何を基準に判断するというのでしょう。それぞれの動物たちの持つ卓越した能力を見るたびに、僕は尊敬の念を抱くばかりです。

受け継がれた「ザブコ」のいのち

二〇〇九年度の夏期開園が終わりました。来園者数は、昨年度に続いて減少しました。この点について、いろいろと言われますが、僕は、来園者数が動物園の許容量をオーバーする状況が続いたことが、大きな原因ではないかと分析しています。

旭山動物園が飽きられたのではない、と思います。実際、来園者数が減ったとはいえ、いまも容量オーバーの状態なのです。混雑しているイメージが、おかしな形で定着してしまいました。裏を返せば、大勢の来園者を迎え入れる体制が整っていないということでしょう。

飼育動物への取り組みとともに、来園者の受け入れについても、しっかりと取り組まなければいけないと考えているところです。

さて、うれしい話題があります。

開園当初から飼育しているカバの「ゴン」と「ザブコ」の娘、「ナミコ」に待望の子供が生まれました。

ザブコは一九六三年に誕生し、六七年に旭山へやって来ました。ゴンとの間には十一頭の子が生まれ、七頭が無事に成長し、新たな飼育地へ旅立っていきました。

カバは繁殖力が強いので、産児制限をしないといけない種《しゅ》の代表格ですが、計画的に繁殖に取り組んだ結果、母体の健康を害することなく、たくさんの子を残すことができました。

ナミコは、母親のザブコの足腰に衰えが見え始めた九二年、旭山の〝跡取り〟として計画的に繁殖させた子でした。

寝室がゴン用とザブコ用の二カ所しかないために、ナミコが大きくなってもザブコと同居させていました。本来なら三、四年で独り立ちしないといけないのですが、ナミコはいつまでも甘えん坊で、八歳になっても母親のオッパイをねだりました。そのうえ、母親のエサを独り占めするようになりました。

ザブコはますます足腰が弱ってきて、ナミコとの同居が重い負担になっていました。それでもザブコは、やはり母親です。ザブコに先にエサを食べさせるため、僕たちがナミコを引き離そうとすると、身を挺《てい》して守ろうとしました。

結局、ナミコは飼育係との関係を重視しないまま、大人になってしまいました。独り立ちできない環境が、そうさせてしまったのです。

二〇〇三年、私たちは跡取りを断念して、ナミコを神戸市立王子動物園へお嫁に出すことにしました。

先方の職員も手を焼いたそうです。しかし、母親のいない環境で少しずつ立派なメスになり、今年四月十七日に無事出産。ついに母親になりました。

こうして一頭のカバのいのちが、しっかりと受け継がれました。飼育下で繁殖させるには、多くの動物園の連携と協力が不可欠です。ナミコの子供の成長を、遠くから見守っていきたいと思います。

本当のエコ、見極める目を

旭山動物園では、十一月一日に初雪を観測しました。例年になく早い降雪に、少し戸惑っています。最近は「温暖化」を「気候変動」と表現することが多くなりました。確かにここ数年は、〝ゲリラ豪雨〟に代表されるように、天候が荒っぽくなっているように感じます。

そんなことを振り返りながら思うのは、人間の知識や技術は万能でないということです。私たちは、科学的に分かっている範囲内で理屈を作りがちです。しかし、分かっていないこと、科学や理論では解明できないことが、実はとても多いということに、気づかなければいけないと思うのです。

数を数えられない動物たちが、自然のなかで絶妙なバランスと調和を保って共生しています。それなのに、数を数えられる人間が、うまくバランスを保つことができずにいるという現実は、とても皮肉なことですね。

たとえば、最近一番気になっているニュースは、「CO_2（二酸化炭素）二五パーセント削減」の問題です。具体的な方策についての議論には、なかなか進みません。それはCO_2の削減そのものが、目的として捉えられてしまうからではないでしょうか。本来の目的は、「ヒトをはじめとする、たくさんのいのちが輝き続けるため」でなければならないと思います。目的を達成するための手段や方法として、CO_2削減があるのです。

ですから、CO_2削減は、環境や生き物たちに配慮した方法で行われなければなりません。

資源のない国で暮らす私たちは、今後、植物由来の油に依存する割合が増えると思います。新たに〝増える〟ということは、どこかで新たな環境破壊が〝生まれる〟ことを意味します。新聞や商品の広告をよく見て、それが本当に「エコ」なのかどうかを、しっかり判断できる目を養う必要に迫られていると思います。

ところで、旭山動物園は今年開園四十二年目。人間でいえば〝厄《やく》年〟です。験《げん》を担ぐわけではないのですが、昨年から明るい話題が少ないのです。今春には「エゾシカの森」「ホッキョクギツネ舎」、夏には「てながざる館」と、新施設のオープンが相次いだものの、来園者数の減少、飼育動物の死亡が続いています。何か抗しがたい、節目のようなものを感じています。

いまはじっと耐え、将来につながる活動を地道に続けるときなのでしょう。

※シマフクロウは世界で最も大型のフクロウ

旭山動物園の動物たち②

【もうじゅう館】

ガラス越し間近にライオンの顔が！

あまりの距離の近さに驚く来園者。ユキヒョウの眼中にはないようだ。

【オランウータン舎】

高さ約17メートルの空中散歩。
野生では樹上で生活する
オランウータン本来の動きを見ることができる。

堂々とした風貌のジャック（オス）。
性格は優しい。

【ぺんぎん館】

プカプカと気持ちよさそうにくつろぐものも。

水中トンネルに入ると、飛ぶように泳ぐペンギンの姿が。

旭山動物園の動物たち②

【ほっきょくぐま館】

目の前をホッキョクグマがダイビング。
野生の海ではこうして獲物を捕らえる。

姿は優しげだが
地上最大の肉食獣だ。

旭山動物園の動物たち②

【チンパンジーの森】

お互いに興味津々!?

ほかにもスゴイ動物たちがいっぱい！
詳しくはホームページを。
http : //www 5.city.asahikawa.hokkaido.jp/asahiyamazoo/

エゾシカのいのちの価値は…

2010

〝動物の目〟に映る人類

月日は矢のように流れて、寅年《とらどし》になりました。

それにしても、「年を越す」という独特の雰囲気が、年々薄れているような気がしてなりません。

僕が就職したのは、もう二十年以上も前のことです。当時の大晦日《おおみそか》といえば、動物園のすぐ下の道路の信号が、日中も赤と黄の点滅に変わり、すべての商店の明かりが消えて、シーンと静まり返っていたように記憶しています。元日の朝、仕事へ向かうときも、辺りは明らかに普段と違う静けさに包まれていました。年末年始に働いている自分が、何かとてもすごいことをしているようで、密《ひそ》かな優越感に浸《ひた》っていました。

二十年前というと、ヨーロッパの動物園の視察を思い出します。統一前の西ドイツを訪れたときのことです。とても暑い日だったのですが、バスの車内にはエアコンがついていません。ホテルにもエアコンがありませんでした。いま思えば、あるけれども使っていなかったのかもしれません。

現地の人の話によれば、最高気温が三五度を超える予報が出たら、その日は役所も学校も休みになるとのこと。暑いなか、無理して働いても効率は悪いし、エネルギーの無駄だと言っていました。「へェー、すごいなー」と感心したものです。

確か、旭川では以前、最低気温がマイナス三〇度に下がる予報が出ると、学校が休みになっていたと聞いたことがあります。校舎が木造で、十分な暖かさを確保するのが難しいなどの諸事情から、いのちに関わると判断したからだと思います。理由は違うけれども、日本でも数十年前には、こんな対応がなされていたのですね。

技術の進歩によって、私たちは自分たちに不都合なものや不愉快なものを〝力任せ〟にねじ伏せてきたようです。旭川でも沖縄でも、同じものを食べ、同じように快適に暮らせる環境を、ひたすら追求してきました。

しかしいま、力任せでは解決できない気候変動などの根本的な問題にぶつかっています。

「自分たちだけ都合よく生き続けることは、できないのではないか？」と感じている人は少なくありません。そして地球に対して、地球上で生きている生き物たちに対して、もっともっと謙虚《けんきょ》にならなければと気づき始めています。

私たち人類の姿は、動物たちの目にどのように映っているのでしょう？

皆さんは、動物たちの目を正面から見つめることができますか。僕は、彼らのかげりのない瞳《ひとみ》を見ると、自分を情けなく思うことがあります。

地球と動物たちに後ろめたさを感じずに、堂々と生きていける自分でありたい——いつも頭の片隅で考えていることの一つです。

ホッキョクグマ、新たな血統誕生へ

この冬、寒い日が続きますが、雪の量はさほど多くないようです。やはり、単なる温暖化というより、気候変動というほうが正しいのかもしれません。ここ数年、当園では、動物たちの老衰死や不慮の死が続いていました。今年は久しぶりに、春の訪れを待ち遠しく思う理由があります。

新たなペアとなることを期待しているオオカミのメスに、年一回の発情期が来たのです。二頭の仲は急接近したり、変によそよそしくなったりと、駆け引きが続いています。果たして、お互いを認め合うことができるかどうか、初めてのペア誕生を目前に、僕たちはやきもきしています。うまくいけば、四月中旬に出産！ となるかもしれません。

動物園での出産は、一般に、メスを産室に閉じ込めて〝管理〟します。しかし僕たちは、彼らの子育てを陰からサポートすることに決めています。その試みの一つとして、オスとメスが、より自然に近い形で子育てできるように、放飼場《ほうしじょう》の丘に産箱を設置しました。今後の動きに目が離せません。

二月に入って、ホッキョクグマのメス「サッキ」が札幌市円山《まるやま》動物園からやって来ました。サツキはもともと、おびひろ動物園で長い間飼育されていたのですが、繁殖を期待されて円山動物園へ移ってきました。

円山では一昨年、昨年と、交尾のできるオス「デナリ」との同居を試みたのですが、サツキが脅《おび》えてしまい、デナリとのペアリングは成功しませんでした。

デナリのサツキへの関心も、それほど高くなかったようです。サツキはメスとしての発情が、はっきりしない個体なのかもしれません。

本来、ホッキョクグマのオスは、メスに発情期が来ると強引に交尾をします。恋の駆け引きなどしないのです。

北極の大氷原では生きるだけで精いっぱいです。オスが、発情期間の短いメスと出会うチャンスは多くありません。数少ないチャンスに、恋の駆け引きなどをしている余裕はないのです。寒さは、あらゆることを先鋭化します。

サツキは十八歳。繁殖の可能性という点では、あと数年がリミットでしょうか。それでも、あえてサツキを迎えたのは、当園のオス「イワン」との繁殖に成功すれば、新たな血統が生まれるからです。

現在、円山のデナリは、メスの「ララ」と順調に繁殖しているのですが、実は、このララと旭山のもう一頭のメス「ルル」は姉妹なのです。したがって、イワンとルルの間に子供ができても、血縁でつながってしまいます。また、釧路《くしろ》市動物園のメス「クルミ」に、円山のデナリを〝出張婿《むこ》入り〟させる取り組みも行われていますが、この二頭の間に子供ができても、すべて血縁でつながってしまいます。将来につながる新しいペアをつくることはできません。

サッキはとても順応性の高い個体で、旭山の環境にもすんなりと馴染《なじ》みました。いま、イワンとサッキの同居を控えて準備を整えているところ。春の訪れが楽しみな日々です。

絶滅危惧種を守るとは…

新年度が目前に迫ってきました。旭山動物園は市営事業のため、四月が新しいスタートになります。

僕は最近まで、社会の区切りは、すべて四月から翌年三月までの年度単位だと思っていました。幼稚園から大学院、そして役所でもそうでしたから。しかし会社によっては、一月から十二月までをひと区切りにするところもあるようですね。

昨春、園長になり、いままでとは違う視点から収支を気にしたり、新たな計画を立てたりと、否応《いやおう》なしに年度の節目を意識するようになりました。そうこうするなかで、いろいろな区切りがあることを痛切に感じるもので……。

何はともあれ、区切りや節目は、気持ちを切り替える機会や、自身を振り返るきっかけとして非常に大切なものです。

新年度の旭山動物園は、「オジロワシ舎」の完成で幕開けする予定です。この施設は将来、シマフクロウを受け入れる場ともなる予定ですが、しばらくの間はオジロワシのみを展示します。

シマフクロウは豊かな森、オジロワシは海沿いの林に生息するイメージを抱く人も多いと思いますが、実はどちらも魚を主食としています。そこで、新しい施設には池を造りました。池のなかの魚を捕食する鳥本来の姿を、一人でも多くの人に見てもらいたいとの思いからです。

二種類とも北海道を代表する、生態系の頂点に立つ鳥類です。そして、いずれも絶滅危惧種《きぐしゅ》です。「ほう、すごい鳥なんだ！」と思われたかもしれません。

一方で、当園では〝害獣〟と呼ばれるエゾシカやカラスも展示しています。絶滅危惧種を守るということは、その生態系の頂点にはない〝普通の生き物〟も同時に守るということなのです。

自然界では、食物連鎖という形でいのちが循環しています。

「守るべきものは何なのか？」

「自然と共に生きるとは、どういうことなのか？」

決して、絶滅危惧種だから価値があるわけではありません。皆、等しく素晴らしい存在であり、その価値に差はないのです。そもそも、害獣という捉え方自体、人間がつくり出した観念です。問題の根本は、すべて私たちの生き方、価値の定め方にあるのです。

新年度はさらに「タンチョウ舎」の新築と、「爬虫類《はちゅうるい》舎」の改築を予定しています。「爬虫類舎」は、北海道産の両生類や爬虫類を展示する施設として生まれ変わります。どちらも、北海道の身近な生き物たちがテーマです。

ここ数年は、北海道をはじめとする日本の生き物をテーマに、集中的に事業を展開したいと考えています。身近な動物たちの生き方が分からないと、共に生きるヒトの未来も見えてきません。急がないと、取り返しがつかなくなる気がするのです。

動物のいのちから授かる力

いま、四月二十三日午後十一時三十分。四月二十九日の夏期開園を前に、職員が一丸となって新たな展示に工夫を凝《こ》らし、手作りしている真っ最中です。きょうも午前さまになりそうです。

四月は夏期開園準備作業のため、三週間ほど休園します。この期間は、いろいろな意味で特別な時期です。自分たちだけの動物園、自分たちだけの動物たち……。ひとまず来園者のことを考えずに、動物たちと真剣に向き合える貴重な時間です。

まだ開園していないからこそ、「こんなことをしてやりたい」「こんなことをしてみたい」といった思いを実現できます。また、「来園者に、こんなふうに見てもらいたい」といったアイデアを具体化できる、大切な時間でもあります。「自分でできる工夫は自分で」という試行錯誤の過程が、職員一人ひとりにとって大きな財産になっていきます。

動物は常に正直で、嘘《うそ》や偽善がありません。動物のためにと実行した工夫の結果は、常に直球で返ってきます。もちろん、予想した結果にならないこともあります。百点が取れることは、ほとんどありません。だからこそ僕たちは、自分の未熟さや傲慢《ごうまん》さなど、たくさんのことを動物たちから教わるのです。

飼育に携《たずさ》わる者は、こうした試行錯誤を積み重ねることで、動物をより深く知るようになります。そのなかで誇りが生まれるとともに、動物たちの素晴らしさを伝えることの大切さを身に付けていくのだと思います。

それは、お金では絶対に測れない価値なのです。

昨春、園長になり、園全体に心を配らなければならなくなりました。さらには、動物園に関わるあらゆる業種の人たちとも関係を築かなくてはなりません。正直言って、苦手な分野です。でも〝ヒトも動物〟と考えると、目をそらさずに向き合おうという積極的な気持ちが芽生えてきました。一つの事柄に集中できない環境へのイライラも、徐々にコントロールできるようになってきました。

「この年になっても成長できるものだな」と、少し自信が湧《わ》いてきました。

僕自身も若いスタッフも、めきめきと、たくましく成長しています。旭山の原動力は、〝動物たちのいのち〟から授かっていると、つくづく感じます。

キングペンギンが、一年にたった一つしか産まない卵を産みました。卵が孵《ふ》化《か》し、ヒナが成長するように、今年も旭山動物園は成長していきます。

口蹄疫が問いかけるもの

家畜の伝染病の一つ、口蹄疫《こうていえき》が発生してしまいました。

この病名は、主に偶蹄目《ぐうていもく》（ブタ、ウシ、ヤギ、ヒツジ、シカなど蹄《ひづめ》が二つに割れている動物）の舌や口のなか、蹄の付け根など、皮膚の軟らかい部位にできた水疱《すいほう》が破裂して傷口になることに由来します。

感染力が強く、幼獣の致死率が高いため、家畜の経済的被害も甚大です。そのため、国際的に「最重要家畜伝染病」とされていて、制圧と感染拡大防止が図られています。

日本では二〇〇〇年、九十二年ぶりに発生しましたが、今回は感染の規模が違い過ぎます。さまざまな情報が飛び交い、国の方針や宮崎県の思惑などが交錯しているようにも思えます。

日本は、島国という地理的条件に加えて、輸入検疫の努力により、口蹄疫ウイルスの常在しない清浄国であり続ける方針のはずなのですが……。

それにしても、酪農家の方々の気持ちを思うと、やりきれないものがあります。処分に時間がかかるため、殺処分と分かっていながら飼育を続けなければなりません。あるいは、発症後に水泡が破れて、血まみれになりながら死んでいく子ブタたち……。

ウシやブタは、私たちが生きていくための大切な食料ですが、それ以前に生き物なのだということを、あらためて思い知らされました。

手塩にかけた家畜が、本来の食料とならずに殺されていく無念さを、僕などが軽々しく語ることはできません。

今回は宮崎県で発生しました。どのようにして海外から持ち込まれたのか、感染ルートは特定できていません。ウイルスが輸入ワラに混在していたのか、観光客などの靴や服に付着してもたらされたのか……。もとより、特定は不可能でしょう。

それだけに、北海道でも戦々恐々です。農家の不安は計り知れません。観光シーズンを迎え、人々の移動が活発になる季節ですから、なおさらです。

旭山動物園では、北海道庁や近郊の農家と足並みをそろえて、来園者の靴底の踏み込み消毒を徹底。来園者が、口蹄疫ウイルスに感受性のある動物に直接触れないように、距離を取る対策を講じました。

でも、本当に怖いのは、エゾシカに感染が広がることです。エゾシカ自体にどの程度の病原性があるのか分かりませんが、北海道の酪農は放牧が基本です。放牧する牧草地は、実はエゾシカにとっても格好のエサ場になっています。それは、近年のエゾシカの爆発的な個体数の増加の一因でもあるのです。

牧草地が汚染されてしまうと、強い感染力を持つ口蹄疫の清浄化は、もはや不可能になります。酪農や食の確保の考え方を、根本的に変えなければならなくなるのです。

一方で、観光客がエサやりをしてしまうため、ヒトと接点を持つ野性のエゾシカが存在していることも懸念されます。本来あるべき野生動物との接し方や距離感を、もっと真剣に考えなければならない時が来ていると感じています。

「今どきの若者は…」と言う前に

六月だというのに、旭川は、本州よりも気温の高い日が続きました。観光で来られた方から、口をそろえて「北海道だから涼しいと思っていたのに、どうしちゃったの？」と、汗を拭《ふ》きつつ聞かれます。すみませんと、僕が謝ってどうなることでもないのですが……。

確かに、ここ数年、昔とは明らかに違う気候が続いています。五月は例年にない低温だったのに、六月末には、北海道で今年全国初の猛暑日を記録するほどです。ひと言で表すなら、〝乱暴な気候〟ですね。

さて、六月二十六日は、障害者夜間特別開園でした。夜間といっても、午後五時半の閉園後、七時までの一時間半です。

ここ数年で、すっかり全国区になった旭山動物園。それに伴って来園者数が爆発的に増えたことから、なかなか足が運びづらい動物園になってしまった一面もあります。

障害のあるお子さんが、テレビなどを見て「旭山動物園へ行ってみたい！」と思っても、〝あんな人混みのなかへ出向くことは不可能だ〟と思わせる現実がありました。

そこで、そうした方々に、ご家族とともにゆっくり旭山動物園を見てもらおうと、六年前から夜間特別開園を始めたのです。

今年は約百五十組のご家族の応募があり、およそ三百五十人のボランティアのお手伝いを得て、無事に開園することができました。ボランティアの方々の、献身的な協力があってこそのイベントなのです。

いつものことながら、一時間半があっという間に過ぎていきます。それでも、それぞれ自分のペースで過ごしていただけたのではないかと思います。

アップダウンが多い旭山動物園ですが、さまざまな人々の助け合いのおかげで、皆さん楽しく過ごしてくださっています。なかでも、見ていて感心するのは、若い人たちが真剣にボランティア活動に取り組んでいる姿です。

数年前、突然激しい雨が降ってきたときのことです。多くの方が、障害者のことを気にかけながらも右往左往していました。

そんななか、短いスカートに、ばっちりメークを決めた今風の女子高校生たちが、ずぶ濡れになりながら、流れ落ちる化粧もいとわず、ビニール袋や持っていた傘で車いすの方を必死に雨から守ろうとしていました。

「今どきの若い者は……」と言われますが、皆、とても純粋な心を持っているのです。先入観を持たず、もっと信用してやらねば。そして、大人の価値観を押しつけるべきではないと、あらためて感じました。

ヒトと動物が共に生きるって、どういうことなんだろう？　人間同士の場合は？　ふと、そんなことに思いを巡らせたとき、実は、そう難しく考えることではなく、もっとシンプルに、相手を思いやることが大切なのではないかと思いました。

野生動物への「恩返しプロジェクト」

旭山動物園は、飼育動物とその動物のふるさとを結ぶ懸《か》け橋になりたいとの思いから、昨年「恩返しプロジェクト」を立ち上げました。

第一弾として、マレーシアのボルネオ島でのプロジェクトを具体化しました。エッ！　なんでボルネオ？　と思われるかもしれませんね。当園では、日本で一番、たくさんの人に見ていただき、愛されているボルネオオランウータンを飼育しているからです。

ボルネオオランウータンは絶滅危惧種《きぐしゅ》で、このままでは、数十年で地球上から姿を消すといわれています。実は、その原因は、私たちの暮らしと大きな関わりがあるのです。

熱帯雨林材から造られる合板は、皆さんの家など身近な場所で使われているでしょう。カップ麺《めん》やスナック菓子、洗濯用洗剤などに使われているパーム油は、熱帯雨林を伐採した後に栽培する、アブラヤシの実から搾《しぼ》られています。

日本は、マレーシアから合板やパーム油を大量に輸入しています。ボルネオ島のサバ州でも、熱帯雨林が減少する代わりに、アブラヤシの畑が増え続けています。

島には、オランウータンのほかに、サバ州などにわずか一千頭しかいないといわれるボルネオゾウが生息しています。野生動物のための豊かなジャングルが、私たちの〝豊かさ〟に化けているのです。

この現実を否定して、パーム油の使用をやめればいいなどと理想論だけを語っても仕方がありません。では、この現状のなかで、僕たちに何ができるのでしょうか？

現地では、ジャングルから畑に出てきたゾウやオランウータンが〝害獣〟と見なされつつあります。現地の人を責めることはできません。畑で働いている人たちは、その日を暮らしていくのに精いっぱいだからです。僕も現地へ行って、この目で現実を見てきました。

サバ州の野生生物局の局長によると、ボルネオゾウなど野生動物の救護センターが必要とのことでした。そこで僕たちは、野生動物と、人と、畑が共存するための第一歩となることを願って、「救護センターをつくろう！」と思いついたのです。

〝豊かさをありがとう〟という気持ちを形にして恩返しをしようと、昨年の夏、寄付型の清涼飲料水の自動販売機を作って募金を始めました。

自動販売機の設置に協力してくださる、たくさんの方々の応援、この自動販売機を利用してくださる、たくさんの消費者の支えが、まとまったお金となって貯《た》まりました。

このたび集まったお金で、畑に現れたゾウを捕獲してジャングルへ戻すまでの間、収容しておく檻《おり》を造りました。九月には、現地でその檻を使って、実際にゾウの救助活動を実施する予定です。

資源の乏しい国・日本で豊かな暮らしができること、先進国としての責任を果たすこと……。このプロジェクトが、たくさんの人々がこの問題を考えるきっかけになればと思います。

ペンギンの幼稚園

旭川も残暑が厳しくて、まるで真夏が続いているようです。ここまで暑いと、単なる自然現象とは言いがたいものを感じます。

さて、キングペンギンのヒナ二羽を、一度に成育できそうです。これまで複数のヒナを育てるのが一つの目標だったのですが、いよいよ念願がかなうかもしれません。

一羽目のヒナは、しっかりと両親が育てています。もう一羽のヒナは、生みの親がペアを組めなかったため、お互いに相手を異性だと信じているオス同士のペアが、仮の親となって育てています。

ペンギンはオスとメスが交代で抱卵し、孵化《ふか》後もヒナを抱いてエサを与えるため、一羽では子育てできません。

オス同士のペア（?）の場合、ヒナへの執着心が強く表れて、その交代がうまくできない場合もあるのですが、いまのところ順調です。

複数のヒナが育つことが、なぜ念願なのか。それは、ヒナがある程度大きくなると、親と離れてヒナ同士で寄り添い、「クレイシ」という幼稚園のような状態をつくるからです。親はクレイシを訪れ、自分のヒナに給餌《きゅうじ》をします。

「ぺんぎん館」ができてから、毎年一羽のヒナしか成育することができず、キングペンギン本来の子育てを見てもらうことができませんでした。

ペンギンのヒナは、茶色の羽毛に覆われて、親よりも大きく見えます。一羽でデンと構えているので、お客さんから「これがペンギンのボスなの?」なんて言われていました。今年の冬は、二羽のヒナが寄り添う姿、その周りを付かず離れず見守る親鳥、そんな光景が見られるかもしれません。

　ペンギンの子育ては、現代の私たちにとても似ています。たくさんの個体が集まり、それぞれのペアが交代で子育てをします。ある程度、大きくなると、子供は自分たちだけ集まる幼稚園をつくって親の負担を減らし、その間、親は体力の回復を図ります。

　ペンギンは密集して繁殖しますが、自分のヒナにしかエサを与えません。すぐ隣のヒナがトウゾクカモメに襲われても、助けようとしません。隣のヒナの片方の親が死んで、留守番をする親が困っていても、ヒナが飢えていても助けません。クレイシに、同じような大きさのヒナがたくさんいても、自分のヒナにしかエサを与えないのです。

　巨大なマンションが立ち並ぶ都会の人たちの暮らしが、だぶって見えます。ペンギンは核家族が集合して暮らすことで、外敵から身を守る生き方をします。

ヒトは家族を単位として暮らし、隣近所が互いに助け合いながら、社会を形成してきたはずです。いまの私たちは、根本的な成り立ちを忘れかけているように思えます。権利を主張することが先行し、関わりを持たずに孤立しているように感じます。

僕たちは、ペンギンのようにタフではありません。子育てへの支援は、お金だけで成立するものではないと思います。

絶滅危惧種はヒトの暮らしの鏡

九月二日から十日まで、マレーシアのボルネオ島へ行ってきました。「恩返しプロジェクト」の第一弾として、ボルネオゾウ救助用の檻《おり》を届けるために。

ボルネオでは、私たちが日常使うパーム油を作るために、ジャングルが消え、アブラヤシの畑が増え続けています。そこに暮らすボルネオオランウータンやボルネオゾウが絶滅に向かっています。そう、いずれも絶滅危惧種《きぐしゅ》なのです。

絶滅危惧種と聞くと、何か特別な価値を感じるのではないでしょうか。よく、「おたくの動物園は絶滅危惧種を何種飼育していますか？ 繁殖に取り組んでいますか？」などと聞かれます。しかし絶滅危惧種は、ヒトのわがまな暮らし方が生み出している〝悲しいいのち〟です。私たちの暮らしの鏡なのです。

そろそろ私たち人間は、自分たちの姿がほかの動物の目にどのように映っているかという視点から、ヒトというものの習性や特徴を、客観的に正しく理解するべきではないでしょうか。

動物たちは、どんなに追い込まれても、決してヒトを排除しようとはしません。彼らはヒトとの距離を保とうとして、身を引くのです。そして、引く場がなくなり畑へ出てしまうと〝害獣〟として扱われてしまうのです。ボルネオでは、オランウータンやゾウが害獣として殺される例が後を絶ちません。でも、現地の人を責める資格は僕たちにはありません。野生動物が享受していたジャングルの恵みをパーム油という形に変えて奪い、結果として、現地の人からも、さまざまなものを搾取《さくしゅ》している面があると思うからです。

現実を否定しても仕方がありません。パーム油を使うことはやめられないし、やめればいいというものでもありません。この現状のなかで、持続可能な共存の道を探らなければならないのです。

では、何ができるのか？　恩恵を受け続けるだけでなく、ありがとうの気持ちを形に表して恩返しをしたいとの思いから、九月三日にマレーシア国サバ州（ボルネオ島の南東の州）の動物園で、檻の贈呈式を執り行いました。

僕たちは直接見届けられなかったのですが、この檻を使って畑に出てきたゾウ二頭をジャングルへ帰すことができました。この檻は現在、サバ州で唯一使用可能なゾウの檻です。旭山動物園の新たな歴史の始まりをしっかりと受けとめて、さらに先を目指さなければならないという責任感を胸に帰国しました。

生物保全と遺伝資源

生物多様性条約第十回締約国会議（ＣＯＰ10）が、名古屋で行われました。

この条約の目的は、

1、生物の多様性の保全

2、生物多様性の構成要素の持続可能な利用

3、遺伝資源の利用から生ずる利益の公正で衡平《こうへい》な配分

の三つ。現在、百九十の国と地域が加盟しています。

この会議の関係で、何回か名古屋へ行く機会があったのですが、どこか盛り上がりに欠けていました。主な議題と討議の内容が、先進国と新興国の間

での遺伝資源にまつわる〝利権の争い〟の様相を呈していたことに、大きな原因があったように思います。

しかも、細菌や菌類などに関する議題が多く、「これからどうすれば、さまざまな野生生物と共存できるのか」といった、大きな仕組みの議論に発展しなかったのが残念でした。

数年前、高病原性鳥インフルエンザの発生に際して、患者さんや罹患《りかん》した鳥から検出される、病原菌の扱いが問題になりました。

先進国は疫学的な調査をして、ワクチンを製造するために、病原体の提供を求めました。しかし、発生地の新興国では、その病原体からワクチンが製造されても、とても高価なものになるために購入することができない。利益を得るのは先進国だけで、それはおかしいと、主張していました。

確かに、これは切実な問題です。ジャングル中にある未知の菌類などから、画期的な抗生物質などが作られる可能性があります。だから新興国は、その権利をしっかりと主張しているわけです。つまり、自国にも還元される仕組みになるよう訴えているのです。

本来の生物多様性の保全という考え方から掛け離れている気もしますが、私たちは新興国の大地の恵みである木材などの原料を大量に使い、大規模な農園で栽培された食材を使って、快適な暮らしを送っています。

「大量に安く手に入るから」という理由は、なんらかの形で現地から搾取《さくしゅ》していることにもなるでしょう。新興国には、まだまだ余裕がないので、先進国が新興国の野生生物にも配慮するのは、当然の義務かもしれません。そんな話し合いが行われれば、関心はますます高くなったことでしょう。

日本は先進国です。誰かに、「どうにかして」とは言えない立場です。日本でも、このままでは絶滅する恐れのある野生生物の種《しゅ》は増え続けるばかりでしょう。世界の模範となるよう、身近なことにしっかりと目を向けていかなければなりませんね。

エゾシカのいのちの価値は…

今年も終わりに近づいてきました。あっという間の一年でしたが、充実した年でもありました。九十点くらいはつけても許されるかな、なんて思います。

北海道では、エゾシカの問題が待ったなしの状況になっています。農作物や林業の被害額が五十億円を超えるばかりか、自然そのものを崩壊させかねない状況なのです。

北海道では、エゾシカの数を〝緊急に管理する〟、つまり駆除する方針です。ところが、捕獲を担うハンターの数が減少の一途《いっと》をたどっています。そのため「日没後や日の出前に撃ってはダメ」「車のなかから撃ってはダメ」といった、いままでのやり方やルールを、根本的に変えなければならない事態にまで追い込まれています。

エゾシカに、ヒトの行動パターンが読まれきっているのです。どうして、こんなことになったのでしょうか?

北海道では、エゾオオカミを絶滅させた明治時代に、エゾシカも絶滅寸前まで狩り尽くした歴史があります。自分たちが「いただく」ためではなく、現金収入を得るための輸出商品として価値を見いだし、欲望のままに乱獲したのです。

「いただく」、つまり、いのちとして関わりを持っていれば、こうはならなかったはずです。持続的に頂き続けるためには、当然、来年のために残しておかなければならないからです。そこが、相手の営み(今風には生態)を知る、共存する原点だったのではないでしょうか。

たとえば、エゾシカの角は一年中生えてはいません。通常、四月ごろにホルモンの影響で抜け落ち、すぐに新たな角が生え始めます。

また、一年を通して鹿の子《かこ》模様だと思っている人が意外に多いようです。シカの毛は、春と秋の年二回生え替わります。いわば、夏用と冬用で、白い斑点《はんてん》があるのは夏毛だけです。

明治時代にエゾシカは禁猟になり、私たちはエゾシカとの関わりを持たなくなりました。その後、開発のなかで森が開かれ、草地が増えることで、結果としてエゾシカを養う環境が大きく広がりました。気づいたときには、その数は想像を超えるまでに増えていました。

いま、エゾシカを見る視点は、農業や林業に被害をもたらす〝害獣〟です。やはり、いのちとしての関わり方ではないのです。僕は、この点がとても気になります。駆除したエゾシカの死体処理が追いつかず、産業廃棄物扱いになっているのです。

日常のなかで「いただく」「利用する」ことを根づかせる手だてを講じながら駆除しないと、僕たちは同じことを繰り返すだけではないでしょうか。野菜も工場で作られる時代です。大地との関わり、地球との関わりさえ希薄な時代に、人類はどこへ向かうのでしょうか？

ヒトだけでは生きられない

2011

生き物との距離感を考える

穏やかな年明けかと思っていたら、連日の豪雪です。ＪＲも高速道路も当てにならず、札幌と旭川の距離が遠く長く感じられる日が続いています。

しかし一方、地球全体では、海水温の上昇や海流の変化などにより、体感できない程度の気温上昇が続いています。また、局地的な豪雨が生じるなど、暴力的ともいえる気候の変化がもたらされています。

こうした変動に対して、ヒトの対応能力はあまりにも微力です。そろそろ私たちは、力業《ちからわざ》でどうにかしようとするのではなく、謙虚な姿勢で「地球」と向き合わなければならないのではないでしょうか。

話は変わりますが、昨年、国内で口蹄疫《こうていえき》のことが大きな問題になりました。

お隣の韓国では、封じ込め不能な形で蔓延《まんえん》し、ついにワクチンが使用されることになりました。いつまた日本に上陸するか、予断を許しません。

高病原性鳥インフルエンザも日本各地で発生しています。どちらも経済的な被害が甚大です。ウシ、ブタ、ニワトリといった家畜の管理体制が厳しくなり、一般の市民や子供たちとの距離が、より一層離れていきます。〝食〟という切り口から、いのちを実感する機会は、今後ますます減っていくことでしょう。

鳥インフルエンザは、野鳥が感染源となって養鶏場にウイルスが持ち込まれている可能性が高いと考えられます。ヒトと野鳥との関わりを遠ざけるような方向で対応が進むでしょう。

特に、カモやハクチョウが羽を休める場所を遠ざけようとしたり、あるいは、人間がそこに近寄れないようにしたりする対応が見られます。自分たちにとって不都合が生じたり、恐ろしいと感じたりすると、人間は冷酷になります。

私たちは、彼らの住む環境を奪い続けると同時に、絶滅の危険性のある種《しゅ》に餌《え》づけをしてきました。

その餌づけを頼りに、高密度で個体が集まっている鹿児島県出水《いずみ》のツル、北海道釧路のタンチョウ、また、自分たちの満足のために餌づけをして引き寄せたハクチョウなどの水鳥類、そして、バードテーブルに集まる小鳥たち……。すべて、私たちの不自然さがつくり出した結果です。そのことが、あらゆる意味で危険性を高めてしまいました。

今後、どのようなことになっていくのか心配です。なかでも一番の気がかりは、将来、野鳥観察をしたり、傷病鳥を救護したりする機会が激減し、野鳥との接点が持てなくなることによって、それらに無関心になってしまうことです。

相手を知らないと、自分たちの行為がどのような結果をもたらすのかを計れないし、心が痛むこともありません。すべての生き物のいのちを感じる。これは、地球に優しい生き方を選ぶ原点だと思うのです。

ホッキョクグマの大移動

もうすぐ春！　そんな気配が漂ってきました。これまでの経験からすると、やはり一カ月余り、春の到来が早まっているような気がします。

三月に入ると、日本の動物園の歴史のなかでも画期的なプロジェクトが始動します。繁殖を目的にした、ホッキョクグマの大移動です。

北海道の四園と本州の四園の計八園が、飼育中のホッキョクグマを手元から出したり、受け入れたりします。この取り組みにより、新たに繁殖の可能性のある四組のペアが誕生します。

ホッキョクグマは、温暖化の影響で、絶滅危惧種《きぐしゅ》に指定されています。温暖化防止のシンボルのように扱われ、何かと話題に上ることが多くなった動物です。

どこか〝客寄せパンダ〟のようで、本来あるべき姿から懸《か》け離れているきらいはありますが、その圧倒的な存在感には説得力があります。

国内各地の動物園では、十年前に六十一頭を飼育していました。ところが現在は、四十五頭にまで減っています。繁殖が難しいことと、外国からの入手が困難になったことが原因です。

日本の動物園の多くは、お金を出せば手に入るという認識が強く、これまで本気で繁殖に取り組んでこなかった一面があります。

世界では現在、ホッキョクグマに限らず、野生動物の保護・保全の観点から、本来の生息地ではない国に対して、動物を出さない傾向が強く見られます。ましてや日本は、動物を消耗品《しょうもうひん》のように扱い、ただ見せ物にしているとの印象を持たれてきました。

日本の動物園では、ホッキョクグマを幼いうちからペアで飼い始め、成獣になってからも、交尾をしようがしまいが終生変わらぬ環境で飼育する、という形態が圧倒的でした。しかし、この形で繁殖が成功するケースはごく少数で、ほとんどが子を残すことなく生涯を終えていったのです。

このままでは、そう遠くない将来、日本の動物園からホッキョクグマがいなくなります。動物園は、動物がいて初めてメッセージを発信できます。また、飼育動物を懸け橋として、動物や環境への思いやり、優しさを育んでもらう場でもあります。

地上最大の肉食獣であるホッキョクグマ。今回の取り組みは、ペアの組み替えや、成獣同士の新たなペアリングなど、一歩間違えばホッキョクグマ同士の争いも引き起こしかねない、大きなリスクを背負ってのプロジェクトです。

多くの動物園が、志を高く持って情熱を注いでいけば、五十年後も必ず、日本でホッキョクグマが見られることでしょう。そしてそのことが、「野生のホッキョクグマが北極でいのちを育み続ける」という未来につながるのだと信じています。

本当に必要なものは何か？

全く予期しない震災が起きました。さらに、原子力発電所事故の問題が長期化しそうな様相です。

僕は東日本大震災の日、東京の上野動物園にいました。経験したことのない激しい揺れに、関東大震災なのかと動揺しました。動物園のスタッフとともに、すぐにテレビをつけると、津波の映像が目に飛び込んできました。一瞬、現実なのか、資料映像なのか理解できませんでした。

電車はすべて止まりましたが、動物園から歩いて一時間くらいで、宿泊先のホテルへ行けることが分かり、歩きました。人、人、人……。でも、そんなに緊迫感を感じませんでした。ただ、また大きな地震が来たらどうなるんだろうと、気持ちは落ち着きませんでした。あとで考えると、被害が比較的小さかった東京の街で、ここまで機能が麻痺《まひ》してしまうのかと恐ろしくなりました。

それにしても、電力のことについては、皆さんも、あらためて考えさせられたのではないでしょうか。

電力供給量が増えるに従って、変わっていく私たちの暮らし。個々の電化製品は「エコ」の名のもとに消費電力は減っているものの、一方で絶対量は増えている。原子力であれ、太陽光や風力であれ、供給量が増えた分をすべて消費するような現代人の暮らし方——。

化石燃料ではない原子力がエコなのか？　その電力でエアコンを使い、大量の熱を放出することがエコなのか？　電気はためられないので深夜電力を使うことが、果たしてエコなのか？

被災された方々の生活再建が最優先であるのは当たり前ですが、同じように、そこに暮らし続ける野生動物もいます。チェルノブイリ原子力発電所事故では、放射線の影響は世代をまたいで続いています。

体重に比べて多くの食料を食べる鳥類は、食物連鎖の過程で放射性物質が蓄積されやすいといわれています。一度受けた遺伝子のダメージは、後世に引き継がれていきます。人間の暮らしも含めて、取り返しのつかないことが現在も進行しています。

地球に優しい暮らし方とは？　本来、大地に吸収される太陽光の利用も、過度に進めば悪い影響が生じるかもしれません。いまこそ、私たちの暮らし方そのものを見直さなければならないときです。

本当に必要なものは何か？　なくてもよいものも、たくさんあるでしょう。かえってないほうが、四季を豊かに過ごせるかもしれません。

ヒグマの「トンコ」が母親に

今年も、どこか変な気候が続いています。旭川では、桜が五月中旬を過ぎて、やっと満開を迎えました。記憶にないくらい遅い時期でした。

旭山動物園で初の繁殖となったヒグマの二頭の子が、スクスクと成長しています。伸び伸びと転げ回って遊ぶ子供たちと、それを片時も気を緩めることなく見守っている母親「トンコ」の姿が印象的です。

春は、僕たち人間も山菜採りに、魚釣りにと、山に入ることが多くなるシーズンです。悲しいことに、毎年どこかで人間とクマとの遭遇事故が起きています。「親子のクマには特に注意！」と言われますが、母グマの子グマに対する愛情、子を守る母性、安全に対する気配りを目の当たりにすると、別の思いが浮かびます。クマを〝危険な動物〟にしてしまうのは、人間のわがままな行動が原因であることが多いのだと、あらためて気づかされるのです。

トンコは、一九九九年四月三十日に母親を駆除されて、当園に持ち込まれました。大人のクマは危険だ、あるいは農作物に被害をもたらすから有害だ、ということで駆除されます。ところが子グマは、危険でも有害でもないからと、駆除の対象にはなりません。

子グマは基本的に、その場に放置されるのです。〝子グマには手を下さない〟。これは、子犬を段ボール箱に入れて山に捨てるのと同じ発想です。母親なしでは生きていけませんから、子グマの運命を思うと、いたたまれない気がします。駆除が避けられないのならば、子グマも殺すべきではないか、とも考えるのですが……。

トンコは、猟師が「かわいそうだから」と連れ帰ってきたので、駆除を命じた行政が困り果て、すったもんだの末に、当園で受け入れることになったのです。当時はまだ、体重数キロの子グマでした。

トンコが母親になり、いのちをつなぐことができて感無量です。かつて、小さいながらも必死の形相で僕たちをにらみつけていた目を、いまでも思い出します。

トンコの子育てをする姿が、トンコとトンコの母親と同じ運命をたどるヒグマの親子を少しでも減らすことにつながればと、祈らずにはおれません。

オオカミはペアで子育て

初夏の陽気となってきました。

「節電、節電」と叫ばれるなか、熱中症が心配だとか、仕事の効率が下がるとか、マイナス要素ばかりが取り上げられているように感じます。

「今年は〝節電の夏を楽しむ年〟にしましょう！」くらいの、前向きな発想があってもいいのではないかと考えてしまいます。

夏を克服ではなく、〝夏とともに〟です。

今年はヒグマに続き、オオカミが繁殖し、順調に生育しています。二月末に交尾を確認して以来、四月末から五月上旬の出産に備えていました。

オオカミは習性として、ペアが協働して子育てをします。そこで、出産のためにメスを寝室に隔離することをせずに、屋外の放飼場《ほうしじょう》の一角に産箱を設けたところ、「ケン」と「マース」のペアが巣穴にしてくれました。

エサは毎朝、寝室内で食べさせ、食べ終わってから放飼場へ出すようにしていました。いつもケンとマースは、そろってエサを食べて出ていくのです。五月に入り、マースの巣穴にいる時間が長くなり、五月三日からは二頭ともエサを食べに寝室に戻らなくなりました。これは怪しいと、観察していました。

六日になって、ケンがエサを食べに寝室に入ってきました。ところが、その場では食べずにエサをくわえたまま、外へ出たがりました。放飼場へ出たケンは、巣穴まで行くと、くわえていたエサをマースに渡したのです。

子供の誕生を確信した瞬間でした。

出産することや乳を吸われることで、母性が目覚めるといいますが、父性が目覚める瞬間を目の当たりにするのは、初めてのことでした。

園では、ケンとマースが落ち着いて子育てができるように、「オオカミの森」の一部を閉鎖して環境づくりに努めてきました。三頭の子供たちが巣穴から出てくるなど、順調に生育している様子が観察されるようになったので、五月末から一般公開しています。

オオカミは、単独で獲物を仕留めることができません。生きるために群れをつくり、社会をつくって、互いに協力し、役割を分担することで次代を育てていきます。彼らの姿を見ていると、社会とはなんだろうと、あらためて考えさせられるのです。

夏のドキドキいつまでも

暑くなったり、寒くなったり、不順な天候ではありますが〝夏本番〟です。旭川では、七月下旬に、ハネナガキリギリスが鳴きだしました。北海道のキリギリスは、本州以南のキリギリスと見た目が違うんですよ。北海道に来たらぜひ、キリギリス捕りにチャレンジしてみてください。

オオカミの子は見る見る大きくなり、親と一緒に遠吠《ぼ》えの練習を始めています。ヒグマの子はゆっくりと成長していて、まだまだ無邪気に遊んでいます。

動物の子育ては実にさまざまで、その営みを見続けていると、彼らが置かれている生息地の環境などが目に浮かんできます。

オオカミは厳しい冬を乗り越え、来春生まれてくる弟や妹の面倒を見るとともに、狩りにも参加できるよう、たくましく成長しなければなりません。ヒグマは母親に守られながら、一緒に冬眠します。そして、翌年も母親とともに過ごし、オオカミよりも時間をかけて、ゆっくりと生きる術《すべ》を教えられて、独り立ちの準備をします。

私たちはいつのころからか、どんな環境に置かれていても、同じような生き方をするようになりました。その土地で生まれ、死ぬこと、暮らすことを、あまり意識しなくなり、その土地の風土や、そこに生息する生き物と暮らせる豊かさを実感することが、少なくなったように思います。

この時期になると、少年時代の僕は〝この場所ならミヤマカラスアゲハが捕れるかもしれない〟と、その時が来るのをドキドキしながら待っていたことを、昨日のことのように思い出します。

お盆が近づくと、夏を惜しむかのようにエンマコオロギが鳴き始め、急に秋の気配が忍び寄ってきます。なんだかここ数年、ゆっくりと季節を感じるいとまもありません。「なんで、もう秋なんだよ！」と、時の経《た》つ早さにイラついている自分に気づき、こんなことでは動物園人として失格だと反省しています。

今年も八月十二日から十六日まで〝夜の動物園〟を行います。夕涼みがてら、ぜひ足を運んでいただければと思います。オオカミ親子が遠吠えをしているかもしれません。

思いっきり太陽を浴び、波の音をただただ聴きながら……海に行きたい！
僕の今年の夏の夢です。

ヒトだけでは生きられない

九月に入り、台風からは遠い北海道でも、とんでもない大雨に見舞われ、異常に気温の高い日が続きました。地球の自転軸がずれたんじゃないか、と思うくらいに、ジリジリと暑い日差しでした。

でも、秋の使者・赤とんぼは、いつものように大群で飛び交っています。赤とんぼといっても、実はたくさんの種《しゅ》があるのですが、旭山ではそのほとんどが、アキアカネとノシメトンボだと思われます。身近な赤とんぼも、調べてみると小さな発見があるかもしれませんよ。

エゾシカの角も、気がつけば立派に成長していて、やはり秋の気配です。

残暑が一段落して節電要請も解除されましたが、以前の状態に戻ってしまって〝昔話〟にならないようにしないといけませんね。

必要な電気、なくてもいい電気に、多くの人が気づけたのですから、価値観の大きな転換点と捉えて、今後を検討していくことを切に願います。原発のように制御のできない技術は、もはや技術とは呼べないでしょう。人間だけではなく、無数の生き物たちにも、大きな影響を与えてしまったことを忘れてはなりません。

ヒトはヒトだけで生きていけるかのような錯覚、過信を持ってしまっていますが、土、空気、水……地球からの恩恵を受けなければ、生きてはいけないのです。

北海道は冬に向かい、電力不足になるのではないか？　と問題になっています。そんな人間の事情とは関係なく、エゾシカの増加による被害が顕在化する季節になりました。今年は十四万頭の駆除を目標にしています。そして、その九割が〝ゴミ〟として処理されようとしています。

旭山動物園では、奪ったいのちは有効に活用することが最低限の責任と考え、エゾシカを使った三種類の商品を開発し、販売を始めました。「豊かさをありがとう」がキャッチコピーです。いまは焼け石に水かもしれませんが、持続することが力になると信じています。

夢のある未来を見つけるために、一人ひとりが真剣に今を生きなければならない……。それほど根性のない私ですが、自分なりに自分に鞭《むち》を打ち続けなければと考えています。

風土に合わせた暮らし方を

大雪山《だいせつざん》の頂《いただき》に雪が積もりました。

太陽の日差しで、ちょっとクリーム色に輝き、緑と白の不思議な彩りを添えています。北海道らしさが感じられる雄大な眺めです。

実際にそこで暮らす生き物たちは、冬を乗りきるために体力を蓄えたり、エサを貯蔵したりと、一年で一番忙しく動き回っていることでしょう。

実りの秋は、野生の生き物たちがバランスを整える時期でもあります。エゾシカはこの時期、繁殖期を迎えます。交尾の季節です。秋に体力をつけられないメスは排卵がなかったり、交尾しても着床・妊娠に至らなかったりします。本州に生息するニホンザルも同じです。

ヒグマは春に交尾し、秋に受精卵が着床します。そうして胎児が育っていきます。しかし、体力を蓄えられなかった場合には、着床に至らないことがあります。

春を迎える前に繁殖期が訪れるタヌキやキツネも、体力的に余力を残していないものは繁殖に参加できません。

生き物たちは皆、実に絶妙なバランスを保つ生き方をしています。その年の実りの増減によって、破綻《はたん》することがない仕組みをつくり上げているのです。「自分だけが」という生き方を選んだのは、ヒトだけです。

先日、原発問題に絡んで、もしも燃料代がいまの数倍になったら、農業は、酪農は、漁業はどうなってしまうのか、といった話を聞く機会がありました。

化石燃料の価値は、埋蔵量の底が見えてきたら高騰《こうとう》します。それも、そう遠くない将来のことでしょう。

四十代の農家の方は「うーん」と頭を抱えて、自分は農業をあきらめるだろうと言いました。

そして「でも、じいちゃんは、いまの規模は無理だけど、〝どさんこ（馬）〟を飼って農業を続けるだろう。馬を飼い、畑を耕すことを知っているから」と。

また、「息子は農家を継いでいるが、土日は休みたいなんて言っているから、最初から話にならない」――そんなことを聞きました。

さまざまな気候風土のなかで暮らしてきた私たちは、機械に頼るなどして、経済効率の高い社会を目指してきました。その結果、北海道でも沖縄でも、基本的には同じ暮らしができるようになりましたが、いつの間にか、その土地で暮らす知恵を失ってしまいました。

いまからでも遅くはありません。こんなにエネルギーを使わなくても、豊かに幸せに生きてきた先祖に倣《なら》い、少しずつでも生活を見直していくことができれば……。いまが、その時期なのではないかと思っています。

地球は一つのいのち

2012

→2014

カバの「ゴン」、四十四年の重み

二〇一一年の暮れ、十二月二十七日に、カバの「ゴン」が急死しました。朝、プールのなかで、ひっそりと息絶えていました。

ゴンは、旭山動物園オープンの一九六七年七月から、ずっと園を見続けてきました。住み続けてきました。開園から関わり続けている人間は、すでに一人もいないというのに……。

そう考えると、不思議な気持ちになります。もしかしたら、開園の時にゴンを見た人が、お孫さんを連れて、再びゴンを見ていてもおかしくないのです。この四十四年間、ゴンの目には、どのような景色が見えていたのでしょう。旭山の〝いま〟を、よしとしてくれていたでしょうか?

ゴンは、開園から一緒に過ごしながら後に残した「ザブコ」との間に、七頭の子をもうけました。カバは繁殖力が旺盛《おうせい》で、オスとメスを同居させておくと、毎年のように子供ができてしまいます。そのため、通常は別居飼育をし、もらい手などのめどをつけて、計画的に繁殖させるのが一般的です。旭山の施設には、成獣一頭を収容するのがやっとの寝室が二つしかなかったので、跡継ぎを残すこともできませんでした。

僕が園に就職したとき、当時二歳の子供のカバが、ザブコと同居していました。とてもやんちゃで、冬でもラッセル車のように鼻から白い息を吹き上げながら、雪のなかを転げ回っていました。なぜか、その子カバには名前がありませんでした。そう、計画繁殖ではなかったのです。繁殖制限をしていたはずなのに、できちゃったのでした。

当時は、カバの交尾は水中でしか成立しないというのが常識だったので、冬のある日、施設の修理のために一日だけゴンとザブコを放飼場《ほうしじょう》で同居させました。放飼場は真っ白な雪原、もちろんプールに水はありません。なんと厳冬の雪のなか、愛は実を結んでしまったのです。
すぐにでも、もらい手を探すつもりだったので、名前は付けずにいたらしいのですが、結局、七歳まで母親と同居することになってしまいました。

日本で飼育されているカバのなかで、三本指に入る大きさといわれたゴン。愛は常識をも覆《くつがえ》すことを証明したゴン。晩年はザブコに相手にされず、同居できなかったゴン。でも、一日に数回は「ブブブブ……」と、隣の寝室にいるザブコとのあいさつを欠かさなかったゴン。そして、二十七日の夜、「ブブブブ……」と鳴き続けていたザブコ――。四十四年間、見続けてくれたたくさんの人々の心のなかで、ゴンはこれからも生き続けていくはずです。

※ゴンにエサをやる坂東園長

距離感ゼロ!? レッサーパンダの「栃」

寒さのなかにも次第に日差しが強くなり、春を感じるこのごろです。春は、終わりと始まり、出会いと別れ、さまざまな出来事や思いが交錯する季節。そして、すべてを前向きに捉え、始まりに変える力のある季節でもあります。人気者のレッサーパンダは、ヒトに馴《な》れやすいと思われがちですが、そうではなく、警戒心がとても弱い動物なのです。こんな生き物が生きている環境って、どんなところだろうと、いろいろ想像してしまいます。きっと懐《ふところ》の深い、自然があふれている場所なのでしょう。

話を戻しましょう。旭山動物園に、新入りのメスのレッサーパンダ「栃《とち》」がやって来ました。もともと、新しい環境や飼育係との関係をトラブルなく築ける個体が多い種《しゅ》ですが、栃は来園して輸送箱から出るとすぐに、僕たち飼育係はもとより、先に住んでいる隣の部屋のレッサーパンダに目もくれることなく、わがもの顔で新居を闊歩《かっぽ》し、探索を始めました。新たにペアを組む、オスの「ノノ」との同居も、ノノのほうが警戒してしまうほどでした。

そして来園六日目、栃はやってくれました。レッサーパンダ用の吊《つ》り橋を渡った先にある木の周囲の柵《さく》を乗り越えて、園路に出てしまったのです。積もった雪を足場にしたようで、こちらも全く無警戒でした。目撃談によると、来園者が周りを取り囲むなか、平然と囲いを越えて、園路に出てきたそうです。

野生種の動物は、他種との物理的な距離、心理的な距離を絶妙なバランスで保っています。

しい能力です。

「他種を信頼することはないけれど、存在は認め合う」食べる、食べられるという関係にある種同士が、空間を共有できる素晴らしい能力です。

当園はその距離感を、展示手法や日常の飼育に取り入れ、大切にしているのですが、栃の距離感には戸惑わされます。僕がエサを持って寝室に入ったときも、初対面なのに足にしがみついて、よじ登ってきて、すぐにエサを食べました。

動物たちの飼育施設に関して、彼らの能力をより発揮できる環境は、それだけ伸び伸び過ごせるので、動物にとって心理的に優位に立てるのではないかと考えています。それは同時に、ヒトから見られるのではなく、見る側の立場になれるということでもあります。これとは逆に、ヒトのいる側の環境は、動物が不安を感じ、劣位になることを意味します。僕たちは、そうした前提で、動物たちの行動を想定し、施設の設計も含め、飼育を行っています。

しかし、もし優位も劣位も感じないとしたら、どのような行動に出るのか予測できません。栃の生まれ育った環境で培われた距離感は、旭山が持つ距離感と随分違います。家ネコでも、こうも無防備ではないだろうと思われるくらい、距離感がゼロに近いのです。

さて、これからどうなるやら……。栃のあまりに近い距離感に一番悩まされるのは、飼育担当者です。栃が元気なら、それも仕方ないか、なんて思ったりもします。

フラミンゴ脱走の波紋　その一

二〇一二年七月十八日、一羽のヨーロッパフラミンゴが脱走しました。フラミンゴは群れる習性がとても強く、集団で移動する姿を見せるフラミンゴショーも、これを利用したものです。

生き物が集団行動をする理由は、大きく分けると、効率的に食べ物を得られる、あるいは身を守ることができる、のどちらかです。フラミンゴは後者で、単独でいることは不利になります。飼育下ではとても神経質な鳥で、治療のために群れから分けることすら、慎重に行わねばなりません。

フラミンゴは、塩水《えんすい》あるいは汽水《きすい》域で、水中や泥のなかのプランクトンなどを濾《こ》しとって食べるなど、特殊な環境で暮らす鳥なので、内陸にある旭川に生きていける場所はありません。一刻も早く見つけようと、毎日、浅い池などを中心に捜索していました。

目撃情報もなく、厳しい状況になったと思われていたとき、小樽《おたる》市の銭函《ぜにばこ》で発見されました。海水浴場のすぐ隣の埋め立て地にできた小さな汽水池でした。百キロも離れたこの場所に、ピンポイントでどうやってたどり着いたのか、驚きを通り越して愕然《がくぜん》としました。

現場は、マスコミが集まって騒然とした雰囲気でした。水深は数十センチしかないのですが、泥が一メートル以上堆積《たいせき》した、まさに底なし沼のようなところでした。

夜間はフラミンゴの視力が落ちると思い、夜陰《やいん》に乗じて大きな虫取り網のような網で捕獲を考えたのですが、どっこい、こちらよりも夜目が利《き》くようです。

空へ舞い上がっても、しばらくすると、必ずこの池に戻ってくるので、追い続ければ、衰弱して、草藪《くさやぶ》などに降りて捕獲できるチャンスがあると考え、徹夜で追いかけました。

しかし結局、地上に降り立つことはなく、翌朝、この池からいなくなってしまいました。衰弱するどころか、その日の午後、なんと紋別《もんべつ》で発見されました。大雪山を越えたのです。

フラミンゴ脱走の波紋　その二

紋別にあるコムケ湖は、冬の寒ささえなければ、フラミンゴが生活できる条件を満たしています。しかし、アオサギなどの鳥類を捕食するオジロワシが暮らす環境でもあるのです。一刻も早く捕獲しようと、群れる習性を利用して、仲間をおとりにする方法を選択し、二回実施しました。

一回目は八月上旬、岸に近い浅瀬に仲間を入れた檻《おり》を設置しました。檻の近くの水中に網を仕掛けて絡め取る作戦でした。脱走したフラミンゴは、アオサギと行動を共にしていました。フラミンゴは夜間でも行動しますが、アオサギは夜になると大半が森に帰るため、夜になれば仲間への依存度を高めるのではないかと考え、一晩中、仲間のフラミンゴを檻に入れておきました。

その間、ミンクやキタキツネへの警戒を怠らないよう、観察場所からの目視と、日没後二時間おきにライトを使って見回りを行い、捕食動物の檻への接近、あるいは近寄った痕跡《こんせき》がないことを確認しました。しかし、水中の網に気づかれたらしく、作戦は失敗に終わりました。

二回目は八月中旬、水中の網はやめて、遠隔操作で発射できる投網を檻に仕掛け、逃げたフラミンゴが近づくのを待ちました。しかし、仲間と鳴き交わしはするものの、そばには近寄らない状態が続きました。大勢のマスコミの存在が、フラミンゴの警戒心を高めていることが懸念されました。

夜間はマスコミの方にも現場を離れてもらい、車内からの観察と、ライトを使っての見回りを行いました。深夜零時の見回りのとき、檻のなかのフラミンゴ一羽の死体と一羽の翼の一部を発見しました。車内からは草陰越しに、檻のなかのフラミンゴの頸部《けいぶ》から上が見える状態だったのですが、何者かの襲撃による騒然とした状態を察知することができませんでした。

　翌日も作戦を継続しましたが、逃げたフラミンゴの仲間への依存度は低いままでした。紋別市をはじめ、多くの方々の協力を頂きながらも、結果を出すことはできませんでした。

　この捕獲作戦には、たくさんの意見や批判が寄せられました。

「伸び伸びと幸せそうにしているのだから、捕獲しなくてもいいのでは?」

「一羽だから、繁殖することもなく環境への影響もない。追う必要はないのでは?」

　でも、そうでしょうか。飼育している生き物は、最後まで面倒を見なければいけない。原因はどうあれ、毎年、飼育を放棄された数多くのイヌやネコが安楽殺されています。

　逃げたイヌが裏山で幸せそうに暮らしているから放っておいて、は通用しませんよね。さらには、外来種であるアライグマの生態系に与える問題、外国産クワガタと在来種のクワガタとの交雑の問題なども、もとは飼育を放棄されたことから始まっています。

だからこそフラミンゴの捕獲は、可能性がある限り、続けなければいけない。〝幸せそう〟とか、〝飼育下のほうが不幸せ〟とかの問題ではないのです。今後もあらゆる手段を使って、飼育下に戻す取り組みを続けなければいけないと考えています。

エゾシカ「治夫」の死に思う

二〇一三年二月、エゾシカの「治夫《はるお》」が死亡しました。シカの角は毎年生え替わりますが、治夫の角は高齢のために、枝角の生え方が歪《いびつ》になっていました。でも、それがかえって威厳のようなものを感じさせてくれました。

治夫は一九九四年の春、赤ちゃんで保護された個体でした。当時は、山菜採りに森に入った人が、子ジカが一頭でうずくまっているのを見つけると、かわいそうに思い、「誤認保護」をするケースが時々ありました。そのころはエゾシカを目撃することはほとんどなく、森のなかでひっそり暮らしているんだなと思ったものです。

保護されたエゾシカは、まず園内の動物病院の保護室でミルクなどを与えます。数日したら裏の草地や園内へ散歩に連れ出し、草なども口にするようになったころ、「エゾシカ舎」へ連れていって、仲間入りの訓練をさせます。

エゾシカは、特にメスは、よそ者を受け入れたがりません。基本的に、母系社会なのです。保護したシカは、日中はほかのシカと同居させておくのですが、追い払われて居場所をなくし、柵《さく》の隙間《すきま》から逃げ出して、夜間過ごす隔離室の前に戻ってくる、ということが続きました。それを気長に繰り返すなかで、メスたちも受け入れるようになります。

治夫も、そんな保護個体でした。治夫は成長してたくさんの子を残し、堂々とした風貌《ふうぼう》で来園者を魅了しました。数年前から、角の枝分かれが正常でなくなり、一昨年の秋の繁殖期には、立派に成長した息子に遠慮するように、岩陰などにひっそりと身を隠すようになりました。そして今シーズンは、体力の衰えが顕著になっていました。老衰で見事に生を全《まっと》うして迎えた死だと思います。

治夫が生まれてから十九年で、エゾシカの歴史は大きく変わりました。現在、街なかに現れたエゾシカは、かわいそうだからと保護して山に放し、その一方、山のなかで年間十万頭以上を無差別に駆除せざるを得ない状況が続いています。

エゾシカほど北海道の四季折々の豊かさと厳しさを実感させてくれる動物はいないのではないかと、つくづく思います。体毛の色、角、鳴き声、群れ、季節による移動……すべてです。絵本作家のあべ弘士《ひろし》さんが、「エゾシカ舎」の壁面に描いてくださった絵が、そのことを見事に表しています。たとえば、夏毛の鹿の子《かこ》模様は木漏れ日のなかで、冬毛の茶灰色は雪と落葉した広葉樹のなかで、それぞれ見事な保護色になっています。

素晴らしいエゾシカと、どのように共に暮らしていくのかが、見えなくなってしまいました。

治夫が保護されたころは、「エゾシカって、こんなにつぶらな瞳《ひとみ》なの。かわいらしいでしょう」と言うだけでよかった。まさか、「増えすぎて、このままでは農作物の被害だけでなく、自然そのものまで破壊してしまう存在なんです」なんて話をしなければならなくなるとは、考えもしませんでした。

※多くの来園者を魅了した治夫

つながってこそ、いのち輝く

北海道にも遅い春がやって来ました。旭山動物園は、山の斜面にあります。夕方、事務所の窓から外を眺めると、田んぼに張られた水がオレンジ色の夕日を浴びて輝き、とても綺麗《きれい》です。「今年も、たくさんの実りがありますように」との思いが、自然と湧《わ》き上がってきます。

植物の一生は、一年草の場合、芽吹きという誕生に始まり、実りという死で終わります。その実りが、たくさんの生き物のいのちを支えます。旭山動物園は、たくさんの生き物の誕生と死、いのちをつなぐ営みを伝えていきたいと考えています。いのちを大切にすることを、皆さんはどう捉えていますか？

いま北海道で大きな問題になっている、増えすぎたエゾシカの駆除に参加するために、僕も狩猟の免許を取りました。人ごとにしておけないと考えたからです。

「動物園はいのちを大切にするところ。そこで働く者が、自ら銃でエゾシカのいのちを奪うのはいかがなものか」

「子供たちに、どう説明するんだ」

などと、たくさんの意見を頂きました。

エゾシカが街なかに出てくると、「かわいそうだから山に返してあげて」となりますが、その山では、税金を投入して個体数調整（駆除）が行われています。でも、目にふれない山のなかの出来事には、誰もかわいそうと声を上げません。どこか他人事です。

実際に山に入ると、樹皮を食われて立ち枯れした木が、驚くほど多くあります。木が枯れることで、生きる場所をなくす生き物も少なくありません。このままでは自然そのものが崩壊してしまいそうです。山の悲鳴が聞こえてきます。

エゾシカの数が増えた要因の多くは、ヒトが作り出しています。一方で助け、一方で殺して、そのくせ原因には手をつけない……矛盾していますね。いのちは生まれたら、必ず死で終わります。生まれること、生きること、死ぬこと。これらを連続したものとして同じ次元で考え、方針を立てることが必要だと僕は思います。

具体的には、その動物がその動物らしく生きられるようにする、そして、ヒトと彼らが共に生きられるようにすることが重要です。しかし現代は、「個」だけを抜き出して、「つながり」や「種《しゅ》」として捉える視点が欠けているように感じます。いのちは無条件に大切、という感覚が圧倒的に強いようです。人間も、ほかの生き物とのいのちのやりとりのなかで生かされている――このことへの実感がない暮らしのなかでは、当然なのでしょうか。「環境を大切に」「生物多様性の保全が重要」と言いますが、人間の暮らしもそのなかにあり、その運命を人間自身が握っているのです。〝人間だけは特別〟と思ってしまう、「人間特有のいのちの価値観」を自覚するとともに、人間以外の生き物が持つ生命観を理解して初めて、目指すべき未来が見え、そこに向かう手段が見つかるのではないでしょうか。

一方で、ボルネオゾウのレスキューセンターを作り、その一方で、エゾシカのいのちを奪う。僕の行動は矛盾しているようですが、自分のなかでは、どちらも共存の未来のために、やらなければいけないことなのだと思っているのです。

昆虫食が人類を救う!?

もうすぐ冬期開園です。十月も変な天気でした。僕は、日本列島に大きな被害をもたらした台風二六号が、太平洋側をかすめた日に帯広へ行きました。大雪が降り積もるなか、決死の思いで目的地にたどり着いたのですが、途中、大きな木が目の前で倒れ、こりゃダメかと思いました。

木の葉が落ちる前に湿った雪が積もったことで、どの木も大きく、しなっていました。見たことのない景色でした。

記録的に早い降雪でしたが、ヒトだけでなく北海道の木々でさえ、予期できなかったということです。冬眠に備えるヒグマも慌《あわ》てているだろうな、大丈夫かな、と心配になりました。自然の小さな歯車の狂いが、いつか、修復不能な大きな狂いになりそうな、漠然とした不安が残りました。

いまは、いよいよ完成する「きりん舎・かば館」のオープンに向けて、キリン、カバ、ダチョウの引っ越しの準備で、てんやわんやの毎日です。旭山動物園にとって最大規模の施設であるとともに、ある意味、旭山の集大成でもあります。

大人のキリンを「檻《おり》取り」（檻に入れること）しての引っ越しは、全国的にもあまり行われておらず、旭山でも始めての試みです。これもある意味、旭山史上最大のイベントかもしれません。

話は変わりますが、先日、給食のパンに小さなハエが混入していて、その部分を取り除いて児童に食べさせたことが、問題として報道されていました。対処の仕方についてのマニュアルや、異物の定義、廃棄の基準など、お役所の対応に、もっぱら批判めいた論調が展開されていました。

パンの製造工程に不備があったわけではなく、ハエが混入してしまったようでした。

一般的に、ハエは公衆衛生上、さまざまなばい菌などを運ぶ媒介昆虫として問題視されますが、ハエ自体に毒があるわけではありません。不快に感じるかどうかは別として、高熱で処理したハエを食べても問題はないわけで、ハエの混入した部分を取り除いて給食に供した判断は、理屈としては間違っていなかったと思われます。給食だからこそ、むしろ食育の教材として活用することも大切だという気がしました。

肯定、否定、さまざまな意見が出るでしょうが、昆虫食は、地球規模での人口増加に伴う食糧危機を救う鍵《かぎ》になる可能性を秘めています。アフリカで飢餓《きが》に陥《おちい》っている人たちが、イナゴなどのバッタを食料として受け入れることができれば、飢餓問題は改善するのではないかといわれています。

これは極論ですが、エビの掻《か》き揚げと同じく、ハエの掻き揚げがあっても、食材として問題はないのです。むしろ、昆虫タンパクのほうが良質かもしれません。

僕も、保護された小鳥やコウモリなどにミルワームをエサとして与えています。みんなとても美味《おい》しそうに食べるので、食べてみたことがあります。期待に反して美味しくはなかったのですが……。でも、いざというとき、佃《つく》煮《に》にすれば、いける気がします。

食欲の秋、ちょっと食について考えてみました。

タンチョウのヒナを傷つけた犯人

タンチョウのヒナが孵《かえ》り、順調に成長しています。日に日に、まさにメキメキと成長していきます。そんなに急がなくてもと思ってしまうくらいですが、冬を迎えるまでに、一人前に成長しなければならないのです。

タンチョウは、卵から孵ると程なく巣から出て自力で歩き、エサも自分でついばんで食べます。親鳥は、小魚やミミズやカエルなどを捕まえると、くちばしで細かくちぎってヒナのそばにまき散らします。少し大きくなると、くちばしでつまんだままヒナのそばへ行き、ヒナは親のくちばしからエサをもらいます。とにかく、一日中エサを探して土をほじくり返したり、水中を探ったりしています。飼育係も、カエルやフナやミミズ集めに大忙しです。

実はこのペア、過去二回、卵の孵《ふ》化《か》まではは成功しているのですが、ヒナは孵化後数日で死んでしまいました。新居の前の展示施設での出来事でした。ヒナの翼や足の末端がただれて壊《え》死《し》してしまい、衰弱で死亡してしまうのです。ネズミやシデムシの侵入、栄養の問題、さまざまな原因を考えて対策を講じたのですが、二回目も同じ結果でした。

新しい施設は、外部からネズミなどが侵入できない構造とし、循環装置つきの池も用意して繁殖を計りました。しかし、新居では無精卵の年が続きました。

今年もダメかなと思いつつ検卵をしたら、一卵の有精卵が確認できました。昔はなかった監視カメラも設置しました。

待望のヒナが誕生しました。メスが大事に脇《わき》の下あたりで抱いています。問題はなさそうですが、念のためにと担当者と獣医でヒナの体をチェックしたところ……なんと、翼の指の先端がただれています！　ビデオを見ると、メス親が執拗《しつよう》なまでにヒナの羽繕《はづくろ》いをしています。すぐにメス親だけを隔離して、オス親にヒナを託しました。

タンチョウはオスメス共同で育雛《いくすう》するので、オスも見事にヒナの口元へエサを運び、常にヒナから目を離しません。大丈夫です。数日が経過し、ヒナの翼には新たに羽毛が生えそろいました。過去の失敗は、メス親の過剰な毛繕いが原因だったのです。

ヒナは、日中は活発に活動するので、昼間だけはメス親も一緒にいられるようにしました。メス親に抱かれて寝てしまうと危険なので、夜間から朝にかけては、メス親の隔離を続けました。メス親は次第に、このパターンに慣れていきました。

現在は、ヒナに風切り羽根も生えてきたことと、ヒナも嫌《いや》なことをされたら自分の意思でメス親から離れることができるだろうとの判断から、隔離をやめました。

それにしても、ヒナの健康を保つために大切な羽繕いが、過剰になることで死に至らしめるとは……。メス親は、ヒナの皮膚がただれればただれるほど、さらに羽繕いをしてしまったのでしょう。いわゆる過保護に通じるものがあるように思いました。母も子も、そのことに気づいていないがために起こる悲劇だったのでしょう。

来年はメス親に、ヒナの安全を守るためにヒナだけを見るのではなく、外部に目配りをさせる工夫をしてみたいと考えています。

地球は一つのいのち

二〇一四年七月一日、旭山動物園は四十七回目の誕生日を迎えました。およそ七百の動物が当園で生活しています。これまでにたくさんのいのちが、ここで暮らしてきました。これからも動物たちの営みは繰り返されていくことでしょう。僕には旭山動物園そのものが、七百近いいのちの集合体として「一つのいのち」になっているように感じられます。

今年は、新しい施設の建設はありませんが、例年以上にたくさんの新しいいのちが誕生しています。僕たちは、それぞれ動物らしい子育てができるよう、来園者に見ていただけるよう、日々見守っています。新しい施設の完成が話題になることよりも、新しいいのちの誕生が来園者の笑顔につながることのほうが、動物園らしい姿だと感じています。

動物は、自分の暮らす環境が次代に託せるものであると判断しないと、繁殖してくれません。僕たちは、狭いながらも、その動物らしく暮らせるようにと工夫し続けています。動物が繁殖して子育てをしてくれること。それは、その環境を認めてくれた証しです。ですから、僕たちは飼育動物の繁殖を目指すのです。そのことが、来園者に生き生きと輝くいのちを感じてもらうことにつながります。

アジア圏を見渡すと、経済成長に伴って新たな動物園や水族館が続々と建設されています。日本では新設はそう多くありませんが、大規模なリニューアルが続いています。今後も、より魅力的な施設が増えていくことでしょう。

その一方で、環境破壊や生き物の絶滅種は増え続け、絶滅のスピードは加速しています。動物園が増えても、生き物が絶滅するスピードは加速している現実。動物園の役割って、いったい何なのでしょうか？

動物園は「一つのいのち」といいましたが、たとえば北海道を一つのいのち、一人の人間に例えると、そこに暮らす生き物が、北海道を構成する一つひとつの細胞に相当するでしょう。

皆さんが指にちょっとケガをしたとします。ケガだけを見ると、指先だけの問題かもしれません。でも、顔を洗う、料理を作る、服を着るなど、さまざまなことに影響が出ますよね。

エゾシカという細胞が増えすぎている、シマフクロウという細胞が絶滅の危機にある——そのことだけを抜き出して、人間は対処しようとします。本当は、エゾシカを増やし、シマフクロウを減らすという営みが、北海道という体のなかで起きていて、その原因はヒトという細胞の働きにある——そう考え、これは個別の問題ではなく、この現状をいわば〝生活習慣病〟として捉えなければ、根本的な解決の糸口はつかめないかもしれません。

　地球といういのちのなかに生きる僕たちは、地球が病んでいては幸せにはなれません。地球で暮らすことに幸せを感じる感性、そのことを豊かに感じる心、すべてのいのちがつながっていることを大切にする気持ち——そんな心のありように気づき、育める動物園にしていきたいと思います。地球の健康と、私たち人間の幸せに貢献できるような動物園のあり方を、これからも模索していきます。

あとがき

私が『天理時報』で、本書の元となるコラム「旭山動物園日誌」を連載させていただいたきっかけは、毎年欠かさずに「ひのきしん」という奉仕活動で、地域の天理教の方々に動物園内の雑草取りや清掃作業をしていただいていることにあります。昭和四十二年に旭山動物園が開園して以来、ずっとです。

来園者が減り続け、お荷物扱いされていた時期も、エキノコックス騒動で動物園閉園の危機にあった時期も、そして「奇跡の動物園」と呼ばれるようになった、再生・ブームの時期も。正直言って私は、毎年欠かさずに来てくださるこの活動のことを、強く意識はしていませんでした。

旭山動物園の名前が独り歩きを始め、経済効果などに注目が集まり、集客のために行動展示をしていると紹介されるようになり、自分たちの思いとは掛け離れていくなかで、ブレずに変わらない思いで物事を続けることの難しさを痛感していました。

そんなとき、たくさんの観光客が押し寄せるなかで、いつもと変わらずに淡々と雑草を刈り取ってくださる、奉仕活動に参加される方々の姿を見て、初めて、すごいことをし続けていただいているんだと気づきました。

たしか、平成十八年に「旭山動物園は動物たちのありのままの姿を伝えている。決して集客のために動物を道具にしているのではない。動物たちのありのままの素晴らしさを連載してくれないか？」とのお話を頂きました。

私は宗教とは無縁の人間ですが、何かの形でお返しができないかとの思いがあり、翌年から連載を始めさせていただきました。
連載が終了してやや経《た》ちますが、このように一冊の本になり、動物たちのメッセージが再び届けられることをうれしく思います。

坂東　元

坂東元（ばんどう げん）
1961年、北海道旭川市生まれ。86年、酪農学園大学酪農学部獣医学修士課程修了。同年５月より、旭川市旭山動物園獣医師として勤務。95年、飼育展示係長。2004年、副園長に就任。09年から園長を務める。著書に『動物と向き合って生きる』（角川学芸出版）、『旭山動物園へようこそ！』（二見書房）などがある。

【写真】桜井省司（さくらい しょうじ）
1948年、北海道旭川市生まれ。70年、旭川市に事務職として勤務。2003年から05年まで旭山動物園副園長。園内動物を数多く撮影し、写真家として活躍。

ヒトと生《い》き物《もの》 ひとつながりのいのち
――旭《あさひ》山《やま》動《どう》物《ぶつ》園《えん》からのメッセージ

2014年10月１日　初版第１刷発行

著　者　坂　東　元

発行所　天理教道友社
〒632-8686　奈良県天理市三島町271
電話　0743(62)5388
振替　00900-7-10367

TENRIKYO DOYUSHA

印刷所　株式会社天理時報社
〒632-0083　奈良県天理市稲葉町80

ISBN978-4-8073-0586-5

本書の内容は、『天理時報』に平成十九年から二十三年まで掲載された「旭山動物園日誌」を改題のうえ加筆し、新たに書き下ろし原稿を加えたものです。